高等职业教育教学改革系列精品教材

# C 语言程序设计（基于 Keil C）
## （第 2 版）

李建兰　杨　涛　顾　捷　主编

邵建龙　主审

電子工業出版社·
**Publishing House of Electronics Industry**
北京 · BEIJING

## 内 容 简 介

本书以 Keil 软件为开发平台，以 C 语言在工程实践中的具体应用为主线，采用项目导入、任务驱动的形式，将 C 语言语法和编程技巧等知识通过项目任务和工程应用传授给学生，打破了传统的教学方法和教学体系结构，解决了 C 语言程序设计这门课程抽象与枯燥难学的问题。

全书共 9 个项目：项目 1 认识 C 语言、项目 2 顺序结构程序设计、项目 3 选择结构程序设计、项目 4 循环结构程序设计、项目 5 数组及应用、项目 6 函数及应用、项目 7 指针及应用、项目 8 构造类型及应用、项目 9 C 语言综合程序设计。

本书可作为应用型本科和高职高专院校电子信息类、自动化类、机电类、交通运输类和机械制造类等相关专业的 C 语言程序设计课程的教材，也可供 C 语言初学者、电子爱好者和中等职业学校相关专业师生学习和参考。

未经许可，不得以任何方式复制或抄袭本书之部分或全部内容。

版权所有，侵权必究。

**图书在版编目（CIP）数据**

C 语言程序设计：基于 Keil C / 李建兰，杨涛，顾捷主编. —2 版. —北京：电子工业出版社，2022.4
ISBN 978-7-121-43289-7

Ⅰ. ①C… Ⅱ. ①李… ②杨… ③顾… Ⅲ. ①C 语言—程序设计—高等职业教育—教材 Ⅳ. ①TP312.8

中国版本图书馆 CIP 数据核字（2022）第 067701 号

责任编辑：王艳萍
印　　刷：三河市君旺印务有限公司
装　　订：三河市君旺印务有限公司
出版发行：电子工业出版社
　　　　　北京市海淀区万寿路 173 信箱　邮编　100036
开　　本：787×1 092　1/16　印张：13　字数：332.8 千字
版　　次：2017 年 5 月第 1 版
　　　　　2022 年 4 月第 2 版
印　　次：2025 年 1 月第 5 次印刷
定　　价：45.00 元

凡所购买电子工业出版社图书有缺损问题，请向购买书店调换。若书店售缺，请与本社发行部联系，联系及邮购电话：（010）88254888，88258888。

质量投诉请发邮件至 zlts@phei.com.cn，盗版侵权举报请发邮件至 dbqq@phei.com.cn。

本书咨询联系方式：wangyp@phei.com.cn。

# 前 言

C 语言是一门面向过程的计算机编程语言，是目前国内外广泛使用的一种计算机高级语言，是现代大学生步入智能化、信息化社会，迈向电子工程师和程序员成功之路的一块敲门砖。

本书根据教育部高等教育人才培养的指导思想，结合高职高专院校学生及计算机高级语言特点，采用项目导入、任务驱动形式，循序渐进地讲述 C 语言的语法知识、编程技巧和调试方法，适合机电、电气、电子信息类相关专业的学生学习。

本书以 C 语言在工程中的实际应用为主线，围绕项目任务展开教学，是编者多年来 C 语言课程教学改革成果与经验的总结。书中精选大量具有代表性的项目任务和工程应用实例，使读者既能掌握 C 语言的基本概念、基本知识和调试技能，又能拓宽 C 语言的编程思路和应用领域，突出培养学生运用所学知识和技能解决实际问题的能力，为后续课程（如"单片机技术"）的学习和职业生涯打下良好的基础。本书具有如下特点。

（1）以 Keil 软件作为开发平台，用基于 Proteus 的 C 语言工程应用仿真实验板作为调试工具，具有独创性，更加突出 C 语言在工程控制中的重要性。

Keil 软件是目前单片机工程应用中广泛使用的集成开发软件，它提供丰富的库函数和功能强大的集成开发调试工具，同时具有灵活多样的仿真功能。在 Keil 软件和仿真实验板上调试和仿真 C 程序能缩短计算机语言与工程实际问题间的距离，更加突出 C 语言在工程控制中的重要性。

（2）以 C 语言在工程实践中的具体应用为主线，采用项目导入、任务驱动的形式编写。

全书共 9 个项目，包含 48 个任务和 8 个工程应用。每个任务都按照"项目任务——相关知识——任务实现——归纳与总结"进行，每个工程应用都围绕"任务描述——编写 C 程序——上机调试与仿真"展开，教学安排符合程序设计类课程教学规律。不是照本宣科地去讲授知识，而是通过上机调试与相关知识相结合的方式，将 C 语言的语法知识、编程技巧与调试方法穿插在各个项目任务中，融"教、学、做"于一体，这样的教学有趣而生动。各任务完成后使学生知道这些知识具体用在哪、如何用，真正提高学生的动手能力和解决实际问题的能力。

（3）打破传统的 C 语言知识体系结构，强调建立工程控制观念，从工程控制的角度重构课程内容，突出了知识在工程中的实效性。

不在语法和算法上对学生提出过高要求，而是注重编程思路和调试能力的培养，注重开展实际应用、解决实际问题。内容的重点放在工程实践中的循环控制、位运算、逻辑关系等共性的知识上，将这些知识以不同的形式穿插在多个项目的任务中进行反复训练，逐步提高学生的编程技能和调试能力。同时增强了知识的融合性和灵活性，更突出了这些知识在工程中的实效性。

（4）在工程项目调试过程中，引入仿真技术，直观、生动、灵活、有趣，增强了学生的求知欲，同时也激发了学生的学习热情。

在工程项目应用中，设计了基于 Proteus 的 C 语言工程应用仿真实验板，程序运行结果直观、形象、生动、有趣，使学生懂得 C 语言在工程实践中的应用领域和广阔的发展前景，拓展学生的知识面，激发学生的求知欲和学习热情。

（5）书中所有练习题都是在各个项目任务基础上的进一步拓展，教师容易掌控，学生容易上手。真正达到练习的目的，也以此加深和巩固所学知识。

为与程序代码保持一致，本书中的变量均用正体。

本书由云南机电职业技术学院李建兰、杨涛和云南交通职业技术学院顾捷担任主编。具体分工为：李建兰对全书进行统稿，并编写项目 1～项目 7；杨涛协助完成统稿工作，并编写项目 8；顾捷协助完成统稿工作，并编写项目 9 和附录 A、附录 B。本书承蒙昆明理工大学信息工程与自动化学院邵建龙教授主审，同时在编写过程中参考了多位老师和同行的著作及资料，在此一并表示感谢！

为方便教学，本书配有免费的电子教学课件和程序源代码，并免费提供"C 语言工程应用仿真实验板"（电子版），相关教学资源请登录华信教育资源网（www.hxedu.com.cn）免费注册后下载。希望这本书能对读者学习和掌握 C 语言有所帮助。由于编者水平有限，书中难免有不妥之处，敬请广大读者批评指正。

编　者

# 目　　录

# 项目 1　认识 C 语言

**教学目的**

- 了解 C 语言的发展历史及特点；
- 初步认识和掌握 C 语言的程序结构；
- 了解 C 语言程序开发软件；
- 熟练掌握 Keil 软件的使用。

**重点和难点**

- C 语言的特点；
- C 语言的程序结构；
- Keil 软件的使用；
- 搭建第一个工程项目。

 项目任务

任务 1.1：认识第一个 C 程序

任务 1.2：用 Keil 软件搭建第一个工程项目

 相关知识

要使用 C 语言编程，必须先了解 C 语言，并熟练掌握 C 语言语法知识和 C 程序调试方法。本书将通过项目导入、任务驱动的形式，由浅入深地介绍与 C 语言相关的语法知识和调试方法，使读者能熟练掌握如何用 C 语言编写程序及如何上机调试 C 程序。

## 1.1　C 语言的发展

C 语言问世于 20 世纪 70 年代初，由贝尔实验室正式发布。同时，B.W.Kernighan 和 D.M.Ritchie 合著了著名的 *The C Programming Language* 一书，通常简称为 *K&R*，也有人称之为 *K&R* 标准。但是，在 *K&R* 中并没有定义一个完整的标准 C 语言，后来由美国国家标准协会（American National Standards Institute）在此基础上制定了一个 C 语言标准，于 1989 年发布，通常称之为 ANSI C。

早期的 C 语言主要用于 UNIX 操作系统。由于 C 语言的强大功能和各方面的优点逐渐为人们所认识，到了 20 世纪 80 年代，C 语言开始应用于其他操作系统，并很快在各类大、中、小和微型计算机上得到广泛的使用，成为优秀的程序设计语言之一。

C 语言功能强，使用灵活，编写自由，可移植性好，兼有高级语言和低级语言的优点，既适合编写应用程序，又适合开发系统软件，是广泛流行的计算机高级语言。其实就 C 语言的特点来看，C 语言更适合于解决某些小型程序的编写。C 语言作为传统的面向过程的程序设计语言，在编写底层的设备驱动程序和内嵌应用程序时，往往是更好的选择。因此，C 语言在单片机嵌入式技术领域得到了广泛的应用，现在越来越多的工程技术开发人员使用 C 语言，用于 51 单片机的 C 语言就称为 C51 语言。目前，在大型、复杂的单片机应用系统开发中都通过 C 语言来设计程序。

# 1.2　C 语言的特点

与其他计算机高级语言相比，C 语言具有它自身的特点。我们可以用 C 语言来编写科学计算或其他应用程序，但 C 语言更适合于编写计算机的操作系统程序及其他一些需要对机器硬件进行操作的场合，有的大型应用软件也采用 C 语言进行编写。这主要是因为 C 语言具有很好的可移植性和硬件控制能力，表达和运算能力也较强，许多以前只能用汇编语言来解决的问题现在可以改用 C 语言来解决。概括起来说 C 语言具有以下一些特点。

### 1. 语言简洁、紧凑，使用方便、灵活

C 语言把高级语言的基本结构和语句与低级语言的实用性结合起来，可以像汇编语言一样对位、字节和地址进行操作。

C 语言只有 32 个关键字，9 种控制语句，程序书写形式自由，源程序短。

### 2. 运算符丰富

C 语言的运算符包含的范围很广泛，共有 34 种运算符。C 语言把括号、赋值、强制类型转换等都作为运算符处理，从而使 C 语言的运算类型极其丰富，表达式类型多样化。

### 3. 数据结构丰富

C 语言具有现代化语言的各种数据结构，包括整型、浮点型、字符型、数组类型、指针类型、结构体类型、共用体类型等，能用来实现各种复杂的数据结构的运算，并引入了指针的概念，使程序效率更高。

### 4. 具有结构化的控制语句，可进行结构化程序设计

C 语言是完全模块化和结构化的语言，具有结构化的控制语句，如 if-else 语句、while 语句、do-while 语句、switch 语句、for 语句等。C 语言用函数作为程序的模块单位，便于实现程序的模块化。

### 5. 允许直接访问物理地址，可对硬件进行操作

C 语言允许直接访问物理地址，能进行位操作，可以直接对硬件进行操作，因此 C 语言具有高级语言的功能和低级语言的许多功能，可用来编写系统软件。这种双重性，使它既是成功的系统描述语言，又是通用的程序设计语言。

**6. 生成的目标代码质量高，程序执行效率高**

C 语言描述问题比汇编语言迅速，工作量小、可读性好，易于调试、修改和移植，而代码质量与汇编语言相当。

**7. 可移植性好，易于实现模块化设计**

C 语言在不同机器上的编译程序，大多数代码是公共的，所以 C 语言的编译程序便于移植。在一个环境上用 C 语言编写的程序，不改动或稍加改动，就可移植到另一个完全不同的环境中运行。

**8. 语法限制不严格，程序编写自由**

一般的高级语言对语法的要求比较严格，能检查出几乎所有的语法错误。而 C 语言允许程序编写者有较大的自由度，因此放宽了语法检查。如用户编写的用户自定义函数，位置可以在主调函数的前面，也可以在主调函数的后面；同时函数与函数间是平行的，互相独立的，可以放在程序的任意位置；又如整型数据与字符型数据及逻辑型数据可以通用。这些灵活性必然给程序的编写带来极大的方便，使程序的编写自由空间大，且快速高效。

# 1.3 C 语言的程序结构

## 1.3.1 一个简单的 C 程序

C 语言是一种结构化程序设计语言，程序采用函数结构。

每个 C 程序由一个或多个函数组成，在这些函数中至少应包含一个主函数 main()，也可以包含一个 main()函数和若干个其他的功能函数。不管 main()函数放于何处，程序总是从 main()函数开始执行，再到 main()函数结束。在 main()函数中可调用其他函数，其他函数也可以相互调用，但 main()函数只能调用其他的功能函数，而不能被其他的函数所调用。功能函数可以是 C 语言编译器提供的库函数，也可以是由用户编写的自定义函数。

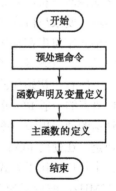

图 1-1 一个简单 C 程序的流程结构框图

在编写 C 程序时，程序的开始部分一般是预处理命令，接下来是函数声明及变量定义，再往下就是对主函数的定义等。一个简单 C 程序的流程结构框图如图 1-1 所示。

为了让读者更好地理解简单的 C 程序，现在对任务 1.1 的源程序代码做一些说明。

**参考程序段 1：**

```
/******************************************************************
 *@File        chapter 1-1.c
 *@Function    在电脑屏幕上显示一行信息
 ******************************************************************/
#include <reg51.h>                        //预处理命令
```

```
#include <stdio.h>
void main( )                                          //定义主函数
{                                                     //函数开始的标志
    SCON=0x52;                                        //串行口初始化，打开显示窗口
    TMOD=0x20;
    TH1=0xf3;
    TR1=1;
    printf("Hello!  My  name  is   C  program.\n ");  //输出所指定的信息
    while(1);                                         //空循环，程序暂停
}                                                     //函数结束的标志
```

（1）#include <stdio.h>的作用

C 语言本身不提供输入和输出语句，输入和输出操作是由函数来实现的。在 C 语言的标准函数库中提供了一个名为"stdio.h"的头文件，其中定义了 C 语言中的输入和输出函数，如 printf()函数。当使用输入和输出函数时，需要先用预处理命令将该函数库头文件包含到源文件中。

在代码中加入头文件有两种书写方法，分别为"#include   <stdio.h>"和"#include "stdio.h""。

（2）printf()函数的作用

printf()函数称为格式输出函数，其功能是按用户指定的格式，把指定的数据或字符输出。该函数是 C 语言提供的标准输出函数，定义在 C 语言的标准函数库的"stdio.h"头文件中。

printf()函数的一般形式为

```
printf("格式控制字符串"，输出列表);
```

格式控制字符串可由格式字符串和非格式字符串组成。

格式控制字符串是以"%"开头的字符串，输出列表在格式输出时才用到，它给出了各个输出项，要求与格式字符串在数量和类型上一一对应。相关知识将在后续内容里介绍。

非格式字符串在输出时原样输出，在显示中起提示作用。本例中用到的就是非格式字符串。"\n"是一个转义字符，其作用是换行。

（3）串行口初始化的作用

C 语言的一般 I/O 函数库中定义的 I/O 函数都是通过串行口实现的，单片机或计算机在串行口通信的速率用波特率表示，串行口的波特率由 MCS-51 单片机中的定时器/计数器 1 的溢出率决定。在使用 I/O 函数之前，应先对 MCS-51 单片机的串行口和定时器/计数器 1 进行初始化。串行口工作于方式 1，定时器/计数器 1 工作于方式 2（8 位自动重载方式），设系统时钟为 12MHz，波特率为 2400bps，则初始化程序如下：

```
SCON=0x52;
TMOD=0x20;
TH1=0xf3;
TR1=1;
```

有关串行口的详细内容将在后续课程中再做介绍，读者在这里只要会用串行口初始化程序即可，其目的是打开串行口窗口，提供程序输出显示界面。

（4）#include <reg51.h>的作用及内容

由于在串行口初始化中用到了 SCON、TMOD 等几个特殊功能寄存器，使用它们时必须

事先加以定义。Keil 编译器对这些特殊功能寄存器的定义都是放在一个名为 reg51.h 或 reg52.h 的头文件里的，所以程序中需要先用预处理命令 "#include <reg51.h>" 将 51 单片机的特殊功能寄存器定义包含进来，这样使用 51 单片机的特殊功能寄存器才是合法的，否则编译器会报错。

打开 reg51.h 头文件可以看到这样一些内容：

```
/*------------------------------------------------------------
REG51.H

Header file for generic 80C 语言  and 80C31 microcontroller.
Copyright (c) 1988-2002 Keil Elektronik GmbH and Keil Software, Inc.
All rights reserved.
--------------------------------------------------------------*/

#ifndef __REG51_H__
#define __REG51_H__

/*   BYTE Register   */
sfr P0    = 0x80;
sfr P1    = 0x90;
sfr P2    = 0xA0;
sfr P3    = 0xB0;
sfr PSW   = 0xD0;
sfr ACC   = 0xE0;
sfr B     = 0xF0;
sfr SP    = 0x81;
sfr DPL   = 0x82;
sfr DPH   = 0x83;
sfr PCON  = 0x87;
sfr TCON  = 0x88;
sfr TMOD  = 0x89;
sfr TL0   = 0x8A;
sfr TL1   = 0x8B;
sfr TH0   = 0x8C;
sfr TH1   = 0x8D;
sfr IE    = 0xA8;
sfr IP    = 0xB8;
sfr SCON  = 0x98;
sfr SBUF  = 0x99;

/*   BIT Register   */
/*   PSW   */
sbit CY   = 0xD7;
sbit AC   = 0xD6;
sbit F0   = 0xD5;
sbit RS1  = 0xD4;
sbit RS0  = 0xD3;
```

```
sbit OV   = 0xD2;
sbit P    = 0xD0;

/*  TCON  */
sbit TF1  = 0x8F;
sbit TR1  = 0x8E;
sbit TF0  = 0x8D;
sbit TR0  = 0x8C;
sbit IE1  = 0x8B;
sbit IT1  = 0x8A;
sbit IE0  = 0x89;
sbit IT0  = 0x88;

/*  IE  */
sbit EA   = 0xAF;
sbit ES   = 0xAC;
sbit ET1  = 0xAB;
sbit EX1  = 0xAA;
sbit ET0  = 0xA9;
sbit EX0  = 0xA8;

/*  IP  */
sbit PS   = 0xBC;
sbit PT1  = 0xBB;
sbit PX1  = 0xBA;
sbit PT0  = 0xB9;
sbit PX0  = 0xB8;

/*  P3  */
sbit RD   = 0xB7;
sbit WR   = 0xB6;
sbit T1   = 0xB5;
sbit T0   = 0xB4;
sbit INT1 = 0xB3;
sbit INT0 = 0xB2;
sbit TXD  = 0xB1;
sbit RXD  = 0xB0;

/*  SCON  */
sbit SM0  = 0x9F;
sbit SM1  = 0x9E;
sbit SM2  = 0x9D;
sbit REN  = 0x9C;
sbit TB8  = 0x9B;
sbit RB8  = 0x9A;
sbit TI   = 0x99;
```

```
    sbit RI    = 0x98;

    #endif
```

以上内容涉及 51 单片机的内部结构，现在读者还不熟悉，没有关系。其实这里都是一些符号的定义，即规定符号名与地址的对应关系。

① 特殊功能寄存器定义。

例如：

```
    sfr P1 = 0x90;
```

定义 P1 与地址 0x90 对应，P1 口的地址就是 0x90（0x90 是 C 语言中十六进制数的写法，相当于汇编语言中的 90H）。

从上面的头文件中读者可以看到一个频繁出现的词：sfr。sfr 并不是标准 C 语言的关键字，而是 Keil 软件里为能直接访问单片机中的 SFR 而提供的一个新的关键词，其用法如下：

```
    sfr 变量名=地址值;
```

② 特殊位定义。

例如，符号 P1_0 用来表示 P1.0 引脚。

```
    sbit   P1_0=P1^0;
```

在 C 语言里，如果直接写 P1.0，C 编译器并不能识别，而且 P1.0 也不是一个合法的 C 语言变量名，所以得给它另起一个名字，这里起的名为 P1_0，可是 P1_0 是不是就是 P1.0 呢？C 编译器并不这么认为，所以必须给它们建立联系。这里使用了 Keil C 的关键字 sbit 来定义，sbit 的用法有三种：

```
    第一种方法：sbit 位变量名＝地址值;
    第二种方法：sbit 位变量名＝sfr 名称^变量位地址值;
    第三种方法：sbit 位变量名＝sfr 地址值^变量位地址值;
```

如定义 PSW 中的 OV 可以用以下三种方法：

```
    sbit OV=0xd2;        说明：0xd2 是 OV 的位地址值
    sbit OV=PSW^2;       说明：其中 PSW 必须先用 sfr 定义好
    sbit OV=0xD0^2;      说明：0xD0 就是 PSW 的地址值
```

因此这里用符号 P1_0 来表示 P1.0 引脚，也可以起类似 P10 的名字，只要程序中也随之更改就行了。

（5）"while(1);"的作用

while()是 C 语言里的循环控制语句，它的具体用法将在项目 5 里介绍，这里讲解为什么要加上这个循环语句。

当程序执行完 printf() 函数后，还将向下执行，但后面的空间中并没有存放程序代码，这时程序会乱运行，也就是说会出现"跑飞"的现象。加上"while(1);"语句，是加了一个只有空语句的死循环，可以让程序停止在这里不再往下运行，即把该语句作为停机语句使用，防止程序"跑飞"。

## 1.3.2 源程序的另外一种书写形式

C 语言采用模块化程序设计，一个模块完成一个特定的功能，即将能实现某一特殊功能的程序段独立成一个模块。程序形式变了，但实现的功能是相同的。

现在可以把前面的源程序中的串行口初始化部分写成一个独立的子函数，源程序修改成如下形式。在本项目的后面进行上机调试时，读者会看到，其运行显示结果与当初的源程序运行显示结果是一样的。

```
/*******************************************************************
 *@File      chapter 1-2.c
 *@Function  在电脑屏幕上显示一行信息
 *******************************************************************/
#include <reg51.h>                        //预处理命令
#include <stdio.h>
void uart_init()                          //定义串行口初始化函数
{
    SCON = 0x52;
    TMOD = 0x20;
    TH1 = 0xf3;
    TR1 = 1;
}
void main( )                              //定义主函数
{                                         //函数开始的标志
    uart_init();                          //调用串行口初始化函数，打开显示窗口
    printf("Hello! My name is C program.\n"); //输出所指定的信息
    while(1);                             //空循环，程序暂停
}                                         //函数结束的标志
```

## 1.3.3 C 语言的组成部分

由上述简单的 C 程序可知，C 语言程序由以下几部分组成。

（1）一个源程序文件中可以包括三个部分。

① 预处理命令：总是放在源程序的开头，如#include <stdio.h>、#include <reg51.h>等。

② 函数声明或变量定义：在源程序中用到的所有函数都要事先声明，所有变量都要先进行定义才能使用。

③ 定义函数：一个 C 程序是由一个或多个函数组成的，必须包含一个 main()函数（且只能有一个），程序总是从 main()函数开始执行的，每个函数用来实现一个或几个特定的功能。

（2）一个函数由两部分组成。

① 函数首部：即函数的第一行，包括函数名、函数类型、函数属性、函数参数（形参）名、参数类型。例如：

```
int   max(int x, int y);
```

**注意：**一个函数名后面必须跟一对圆括号，即便没有任何参数也应如此。

② 函数体：即函数首部下面的大括号"{}"内的部分。函数体一般包括声明或定义部分、执行部分。

声明或定义部分：在这部分中声明或定义所用到的函数或变量。

执行部分：由若干条语句组成。

（3）C 程序对计算机的操作由 C 语句完成。

C 程序书写格式是比较自由的，一行内可以写几条语句，一条语句可以分写在多行上，每条语句或数据定义的最后必须有一个分号，分号是 C 语句的必要组成部分，代表语句结束，为清晰起见，习惯上每行只写一条语句。

（4）C 语言允许用两种注释方式，注释是为了增加程序的可读性。

① //：单行注释，只说明一行。

② /*......*/：多行注释，说明多行，又称块注释。

# 1.4 Keil 开发软件

C 语言经不同的编译器编译后可用于多种 CPU，目前最流行的 C 语言编译器有 GCC、MS C、Turbo C、Microsoft Visual C++和 Keil 软件等。目前在工程上广泛使用 Keil 软件来开发应用程序，本书亦采用 Keil 软件来编译 C 程序。

Keil 软件是 Keil Software 公司出品的 51 系列兼容单片机 C 语言软件优秀开发系统，与汇编语言相比，C 语言在功能性、结构性、可读性、可维护性上有明显的优势，用过汇编语言后再使用 C 语言来开发，体会更加深刻。Keil 软件集编辑、编译、仿真于一体，支持汇编、PLM 语言和 C 语言的程序设计，界面友好，易学易用。

Keil 软件提供丰富的库函数和功能强大的集成开发调试工具，全 Windows 界面。另外，Keil 开发平台下生成的目标代码效率非常高，多数语句生成的汇编代码很紧凑，容易理解，在开发大型软件时更能体现高级语言的优势。

读者可以从 Keil 软件的公司官方网站上下载该软件的安装包。本书使用 Keil C 语言，以及 Keil 软件的可执行文件（文件名为"c51v960a.exe"）。

## 1. 软件的安装

（1）双击下载好的 c51v960a.exe 文件，安装 Keil μVision 5 程序。

（2）在后续出现的窗口中全部单击"Next"按钮，将程序默认安装在 C: \Program Files\Keil 文件夹中。

（3）当安装界面上出现"Finish"按钮时，单击"Finish"按钮完成软件的安装。

Keil μVision IDE 软件安装到计算机中的同时，会在计算机桌面上建立一个快捷方式。

## 2. 软件的使用

（1）新建工程（新建项目文件）

双击 Keil μVision IDE 的图标，启动 Keil μVision IDE 集成环境程序，进入 Keil μVision IDE 5 的主界面，如图 1-2 所示。

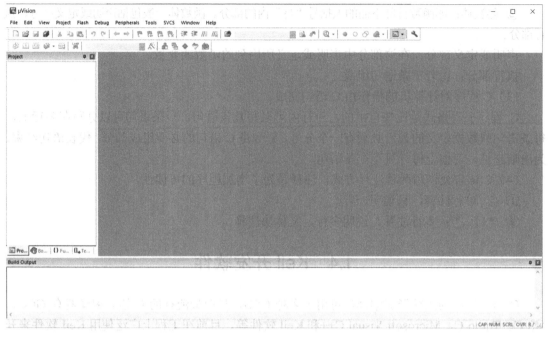

图 1-2　Keil μVision IDE 5 的主界面

在 Keil μVision IDE 5 主界面的顶部是主菜单栏，其中包含 11 个菜单选项：File（文件）、Edit（编辑）、View（查看）、Project（项目）、Flash（快闪）、Debug（调试）、Peripherals（外围接口）、Tools（工具）、SVCS（交换虚拟）、Window（窗口）、Help（帮助）。

主界面的左侧是项目工作区窗口，右侧是程序编辑窗口。项目工作区窗口用来显示所设定的工作区的信息，程序编辑窗口用来输入和编辑源程序。

单击"Project"→"New μVision Project"选项，如图 1-3 所示，出现"Create New Project"窗口，如图 1-4 所示，在文件名处输入所建工程名称，选择需要保存的路径，然后单击"保存"按钮。

图 1-3　建立工程

保存工程之后，出现如图 1-5 所示窗口，在其中选择生产厂家及 CPU 型号。

本书所使用的是 Atmel 公司的 AT89C51，在列表中找到此款芯片，然后单击"OK"按钮，会弹出如图 1-6 所示窗口，询问是否要加载 8051 启动代码，对于初学者单击"否"按钮。

至此，一个目标工程（项目文件）就建好了，如图 1-7 所示。

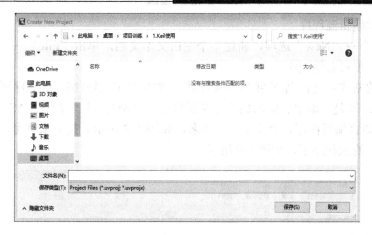

图 1-4 保存工程

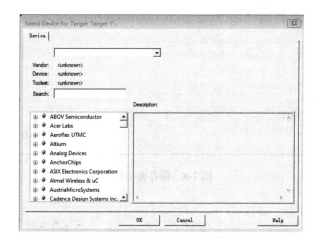

图 1-5 选择 CPU

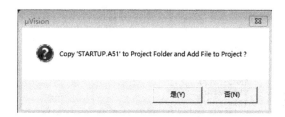

图 1-6 是否加载 8051 启动代码提示窗口

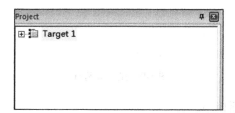

图 1-7 目标工程窗口

C 语言程序设计（基于 Keil C）（第 2 版）

（2）输入和编辑源程序

单击"File"→"New"选项，新建一个空白文本文档，单击"File"→"Save"选项，保存所建文本于项目文件夹中。

保存文件的格式：文件名.扩展名（即后缀），如果是 C 语言编写的程序则扩展名为 C，即"文件名.C"；若是汇编语言编写的程序则扩展名为 ASM，即"文件名.ASM"。

本书用 C 语言编写程序，以 1-1 为文件名，如图 1-8 所示。接下来就可以在新建文本中录入事先编写好的源程序了，如图 1-9 所示。

图 1-8　保存源文件

图 1-9　录入源程序

（3）添加文件至工程项目中

单击项目工作区窗口中"Target 1"前的"+"号，出现下一层"Source Group 1"，右击"Source Group 1"，出现快捷菜单如图 1-10 所示，选择"Add Existing Files to Group 'Source

12

Group 1'菜单命令，出现图 1-11 所示窗口，选择刚才保存的文件，双击，即可将源程序加入到工程项目中，如还需加入程序则继续添加，若不需要添加，则关闭对话框即可。

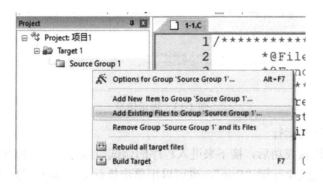

图 1-10　添加源程序

图 1-11　加入程序

（4）程序编译与连接

接下来的工作就是编译程序，将 C 程序编译为 CPU 所能识别的机器代码。

Keil 软件使用的编译快捷图标如图 1-12 所示。

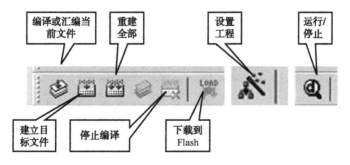

图 1-12　Keil 软件使用的编译快捷图标

单击"Project"→"Build target"选项，则进行程序编译。如果有程序出错，则在主界面下方的"Build Output"窗口区域会有报错信息提示。

双击错误提示，则可以定位到程序的错误行或者错误行的上一行，然后可以对程序进行修改，之后重新编译，直到"Build Output"窗口中出现"0 Error(s), 0 Warning(s)"信息，如图 1-13 所示。至此，一个源程序的编译与连接工作就完成了。

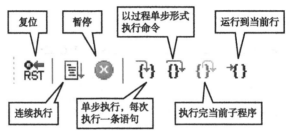

图 1-13　提示信息

（5）程序的调试与运行

在程序编译与连接成功后，接下来进入程序的调试与运行状态。Keil 软件运行程序非常方便灵活，可以用连续执行键"Run"，也可以用单步执行键"Step"等。Keil 软件使用的运行快捷图标如图 1-14 所示。

图 1-14　Keil 软件使用的运行快捷图标

单击"Debug"→"Start/Stop Debug Session"选项或者"Start/Stop Debug Session"的快捷图标，进入程序调试状态，如图 1-15 所示。

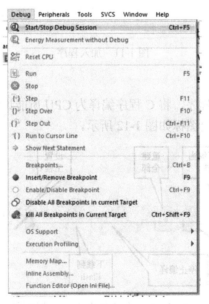

图 1-15　进入程序调试状态

单击"View"→"Serial Windows"→"UART #1"选项，打开串行口窗口，再单击"Debug"→"Run"选项或"Run"的快捷图标，在打开的"UART #1"串行口窗口里就可以看到对应程序的运行结果，如图 1-16 所示。

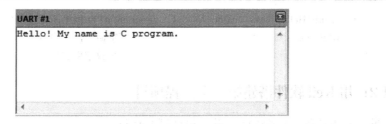

图 1-16　程序运行结果

（6）使用 Keil 软件注意事项

① 在新建项目保存工程时，输入的工程名后不要加后缀。

② 保存源程序文件时，输入文件名后一定要加后缀，即"文件名.C"（C 语言程序）或"文件名.ASM"（汇编语言程序）。

③ 输入源程序时，务必将输入法切换成英文半角状态，输入的标点符号才正确。

④ 输入串行口初始化函数时，所有特殊功能寄存器一律用大写字母，如 SCON、TMOD、TR1、TH1 都要用大写字母，但要注意，TR、TH 后面跟的是数字 1 而不是字母 I 或 l。

⑤ 输入十六进制数时第一个字符是数值 0，而不是字母 O。

# 1.5　任 务 实 现

通过上面的学习，读者已经认识了一个简单的 C 程序，初步了解了 C 语言的程序结构和 Keil 软件的使用。现在使用 Keil 软件完成本项目任务。

## 任务 1.1：认识第一个 C 程序

**要求**：在电脑屏幕上显示一行信息。

Hello!　My　name　is　C　program.

**参考程序段 2：**

```
/**********************************************************
 *@File        chapter 1-2.c
 *@Function    在电脑屏幕上显示一行信息
 **********************************************************/
#include <reg51.h>                    //预处理命令
#include <stdio.h>
void uart_init()                      //定义串行口初始化函数
{
    SCON = 0x52;
    TMOD = 0x20;
    TH1 = 0xf3;
    TR1 = 1;
}
void main( )                          //定义主函数
{                                     //函数开始的标志
    uart_init();                      //调用串行口初始化函数，打开显示窗口
```

```
        printf("Hello!  My  name  is   C   program.\n ");//输出所指定的信息
        while(1);                              //空循环，程序暂停
    }                                         //函数结束的标志
```

## 任务 1.2：用 Keil 软件搭建第一个工程项目

**要求：** 完成任务 1.1 源程序，并上机调试与运行。

### 1. 上机调试与运行步骤

（1）建立工程项目；

（2）输入源程序并保存；

（3）添加源程序至工程项目中；

（4）编译与连接程序；

（5）采用单步（Step）或连续（Run）执行键运行程序；

（6）打开串行口窗口，观察程序运行结果。

### 2. 上机调试与运行结果

打开 Keil 软件，按上机调试与运行步骤分别调试与运行参考程序段 1 和参考程序段 2，其运行显示结果分别如图 1-17 和图 1-18 所示。

图 1-17　程序运行显示结果 1

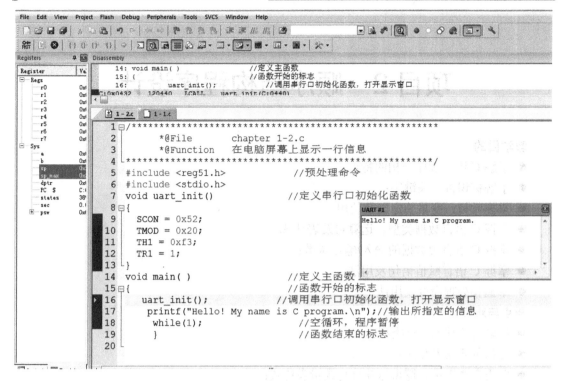

图1-18 程序运行显示结果2

 归纳与总结

C语言是目前应用广泛的计算机高级语言，用C语言既能编写系统软件，又能编写应用软件。C语言采用结构化模块程序设计，编程灵活，自由度大，可移植性好。一个C程序是由一个或多个函数组成的，其中必须包含一个main()函数，程序总是从main()函数开始执行的，而不论main()函数在整个程序中的哪个位置。从输入到运行一个C程序，一般要经历编辑、编译、连接和调试与运行等步骤。本书选用的开发软件是Keil编译系统，它能提供丰富的库函数和功能强大的集成开发调试工具，同时具有仿真功能，特别适合工程应用。

练习题

请在电脑屏幕上输出以下信息。

```
****************************
    Hello    Everyone！
My   name   is   ×××（你的名字），
****************************
```

# 项目2 顺序结构程序设计

**教学目的**

- 了解 C 语言顺序结构的特点；
- 了解标识符、关键字；
- 掌握常量、变量的定义及使用；
- 掌握 C 语言数据类型、运算符及表达式；
- 掌握 C 语言中数据的输入/输出函数；
- 掌握 C 语言赋值语句及用法；
- 掌握预处理命令及用法。

**重点与难点**

- C 语言的基本数据类型；
- 变量的定义及使用；
- C 语言逻辑量、逻辑运算符与逻辑表达式；
- C 语言位运算符；
- C 语言赋值语句及用法；
- C 语言输入/输出函数及用法；
- 预处理命令及用法。

 **项目任务**

任务 2.1：求两整数之和

任务 2.2：两整数加、减、乘、除和求余运算

任务 2.3：将两位十进制数分离为十位数和个位数

任务 2.4：给定一个大写字母，用相应的小写字母输出

任务 2.5：在屏幕上输出图案

 **相关知识**

C 语言是一种结构化程序设计语言，程序由若干模块组成，每个模块包含若干基本结构，每个基本结构中可以有若干语句。C 语言有三种基本结构：顺序结构、选择结构和循环结构。本项目只介绍顺序结构，选择结构和循环结构将在后续项目中介绍。

顺序结构是最基本、最简单的结构，在这种结构中，程序从上往下依次顺序执行，顺序结构流程图如图 2-1 所示。

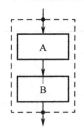

图 2-1　顺序结构流程图

程序先执行 A 操作，再执行 B 操作。A、B 中的内容都与 C 语言语法知识有关，因此，在进行顺序结构程序设计之前，读者需要先了解 C 语言的一些基本语法知识。

# 2.1　标识符与关键字

## 2.1.1　标识符

标识符是用来标识源程序中某个对象的名字的，这些对象包括常量、变量、数据类型、语句标号、数组名及用户自定义函数等。简单地说，标识符就是一个对象的名字。

C 语言规定标识符只能由字母、数字和下画线组成，并且第一个字符必须是字母或下画线。

## 2.1.2　关键字

关键字是编程语言保留的特殊标识符，具有固定名称和特定含义。ANSI C 标准一共规定了 32 个关键字。下面按用途列出 ANSI C 标准的 32 个关键字，如表 2-1 所示。

表 2-1　ANSI C 标准的 32 个关键字

| 关 键 字 | 用 途 | 说 明 |
| --- | --- | --- |
| auto | 存储种类说明 | 用以说明局部变量，为默认值 |
| static | 存储种类说明 | 静态变量 |
| register | 存储种类说明 | 使用 CPU 内部寄存器的变量 |
| const | 存储种类说明 | 在程序执行过程中不可修改的变量值 |
| extern | 存储种类说明 | 在其他程序模块中说明了的全局变量 |
| char | 数据类型说明 | 字符型或单字节整型数 |
| int | 数据类型说明 | 基本整型数 |
| float | 数据类型说明 | 单精度浮点数 |
| double | 数据类型说明 | 双精度浮点数 |
| short | 数据类型说明 | 短整型数 |
| long | 数据类型说明 | 长整型数 |
| signed | 数据类型说明 | 有符号数 |
| unsigned | 数据类型说明 | 无符号数 |
| void | 数据类型说明 | 空值或无类型数 |

| 关 键 字 | 用 途 | 说 明 |
|---|---|---|
| volatile | 数据类型说明 | 说明该变量在程序执行中可被隐含地改变 |
| struct | 数据类型说明 | 结构类型数据 |
| union | 数据类型说明 | 联合类型数据 |
| enum | 数据类型说明 | 枚举类型数据 |
| typedef | 数据类型说明 | 重新进行数据类型定义 |
| if | 程序控制语句 | 构成 if-else 选择结构 |
| else | 程序控制语句 | 构成 if-else 选择结构 |
| switch | 程序控制语句 | 构成 switch-case 选择结构 |
| case | 程序控制语句 | 构成 switch-case 选择结构 |
| default | 程序控制语句 | switch 语句中失败选择项 |
| while | 程序控制语句 | 构成 while 和 do-while 循环结构 |
| do | 程序控制语句 | 构成 do-while 循环结构 |
| for | 程序控制语句 | 构成 for 循环结构 |
| break | 程序控制语句 | 打断、中止，退出最内层循环体 |
| continue | 程序控制语句 | 继续、转向下一次循环 |
| goto | 程序控制语句 | 构成 goto 转移结构 |
| return | 程序控制语句 | 函数返回 |
| sizeof | 运算符 | 计算表达式或数据类型字节数 |

**注意：** 在编写程序时，不允许把关键字作为标识符。如 char、int、break、return 等是关键字，不能作为标识符来定义变量、数组或函数等。

另外需要说明一下，C51 编译器除了支持 ANSI C 标准的关键字，还扩展了如表 2-2 所示的关键字。

**表 2-2 C51 编译器的扩展关键字**

| 关 键 字 | 用 途 | 说 明 |
|---|---|---|
| bit | 位变量声明 | 声明一个位变量或位类型的函数（1 位） |
| sbit | 特殊位变量声明 | 声明一个可位寻址的特殊位变量（1 位） |
| sfr | 特殊功能寄存器声明 | 声明一个特殊功能寄存器（8 位） |
| sfr16 | 特殊功能寄存器声明 | 声明一个 16 位特殊功能寄存器（16 位） |
| data | 存储器类型说明 | 直接寻址的 8051 内部数据存储器 |
| bdata | 存储器类型说明 | 可位寻址的 8051 内部数据存储器 |
| idata | 存储器类型说明 | 间接寻址的 8051 内部数据存储器 |
| pdata | 存储器类型说明 | "分页"寻址的 8051 外部数据存储器 |
| xdata | 存储器类型说明 | 8051 外部数据存储器 |
| code | 存储器类型说明 | 8051 程序存储器 |
| interrupt | 中断函数声明 | 定义一个中断函数 |
| reentrant | 再入函数声明 | 定义一个再入函数 |
| using | 寄存器组定义 | 定义 8051 的工作寄存器组 |

# 2.2 常量与变量

## 2.2.1 常量

在程序运行过程中，其值保持不变的量称为常量。常量可以为任意数据类型，程序中一般用大写的标识符代表一个常量。如：

```
#define  PRICE  10  //用标识符 PRICE 代表一个常量 10
```

常用的常量有以下几类。

（1）整型常量：不带小数点的数值是整型常量。可以表示为十进制数，如 10，234，0，-135 等；也可以表示为十六进制数，十六进制数则以 0x 开头，如 0x57，0xfb 等。

（2）实型常量：凡以小数形式或指数形式出现的实数是实型常量，分为十进制数和指数表示形式。十进制数形式如 0.2，-4.68，0.01 等；指数形式如 5.34e3（代表 $5.34×10^3$）。

（3）字符型常量：字符型常量是用单引号引起来的字符，如'a'，'1'，'F'等。可以是可显示的 ASCII 字符，也可以是不可显示的控制字符。对不可显示的控制字符须在前面加上反斜杠"\"组成转义字符，利用它可以完成一些特殊功能和输出时的格式控制。

常用的转义字符如表 2-3 所示。

表 2-3　常用的转义字符

| 转 义 字 符 | 含　　义 | ASCII 码（十六进制数） |
| --- | --- | --- |
| \0 | 空字符（null） | 00H |
| \n | 换行符（LF） | 0AH |
| \r | 回车符（CR） | 0DH |
| \t | 水平制表符（HT） | 09H |
| \b | 退格符（BS） | 08H |
| \f | 换页符（FAC） | 0CH |
| \' | 单引号 | 27H |
| \" | 双引号 | 22H |
| \\ | 反斜杠 | 5CH |

（4）字符串型常量：字符串型常量是由双引号" "括起来的字符组成的，如"D"，"hello"，"ABCD"等。可以用如下方法输出一个字符串：

```
printf("China");
```

（5）符号常量：用一个符号名代表一个常量。

例如：

```
#define  PI  3.1416          //注意行末没有分号
```

用 PI 代表常量 3.1416，凡此后在文件中出现 PI 的地方都代表其值是 3.1416。

### 2.2.2 变量

在程序运行过程中，其值可以改变的量称为变量。

变量代表内存中具有特定属性的一个存储单元，它用来存放数据，也就是变量的值。在程序运行过程中，这些值是可以改变的。一个变量主要由变量名和变量值两部分组成。每个变量都有一个变量名，在存储器中占据称为地址的一定的存储单元，在该存储单元中存放变量值。

C 语言规定，在程序中用到的变量必须"先定义，后使用"，因此在 C 程序中出现的所有变量都必须先定义以后才能使用，否则编译系统会报错。

#### 1. 定义变量

定义变量的一般形式：

[存储种类] 数据类型 [存储器类型] 变量名表;

在定义格式中除了数据类型和变量名表是必要的，其他都是可选项。例如：

int   a,b,c;

表示定义了三个变量均为整型变量（int），变量名分别为 a、b、c。

#### 2. 各选项说明

（1）存储种类

C 语言中的存储种类共有四种：自动（auto）、外部（extern）、静态（static）和寄存器（register）。如果在定义变量时未给出存储种类，则变量的存储类型默认为自动（auto）。

（2）存储器类型

存储器类型用于指明变量所处的单片机的存储器区域情况。存储器类型与存储种类完全不同。C51 编译器能识别的存储器类型如表 2-4 所示。

表 2-4  C51 编译器能识别的存储器类型

| 存储器类型 | 描　　述 |
| --- | --- |
| data | 直接寻址的片内 RAM 低 128B，访问速度快 |
| bdata | 片内 RAM 的可位寻址区（20H～2FH），允许字节和位混合访问 |
| idata | 间接寻址访问的片内 RAM，允许访问全部片内 RAM |
| pdata | 用 Ri 间接访问的片外 RAM 的低 256B |
| xdata | 用 DPTR 间接访问的片外 RAM，允许访问全部 64KB 片外 RAM |
| code | 程序存储器 ROM 64KB 空间 |

（3）数据类型

数据类型将在下面一节中详细介绍。

# 2.3 数 据 类 型

C 语言的数据类型非常丰富,如图 2-2 所示,由这些数据类型可以构造出不同的数据结构。本节主要介绍基本数据类型。

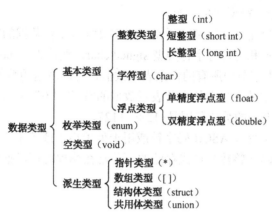

图 2-2 C 语言数据类型

## 2.3.1 常用数据类型

C 语言中常用的数据类型如表 2-5 所示。另外,C51 编译器还专门提供了针对 MCS-51 单片机的特殊功能寄存器型和位类型,如表 2-5 中带"√"部分。表中变量值在存储单元中都是以补码形式存储的,存储单元中的第 1 个二进制位为符号位("0"为正,"1"为负)。

表 2-5 C 语言中常用数据类型

| 数 据 类 型 | | 长 度 | 取 值 范 围 |
|---|---|---|---|
| char (字符型) | unsigned char | 1 字节 | 0~255 |
| | signed char | 1 字节 | −128~+127 |
| int (整型) | unsigned int | 2 字节 | 0~65535 |
| | signed int | 2 字节 | −32768~+32767 |
| | unsigned short | 2 字节 | 0~65535 |
| | signed short | 2 字节 | −32768~+32767 |
| | unsigned long | 4 字节 | 0~4294967295 |
| | signed long | 4 字节 | −2147483648~+2147483647 |
| float (单精度浮点型) | | 4 字节 | ±1.175494E−38~±3.402823E+38 |
| * (指针) | | 1~3 字节 | 对象的地址 |
| bit (位) | | 1 位 | 0 或 1 |
| √ sbit (特殊位) | | 1 位 | 0 或 1 |
| √ sfr (8 位特殊功能寄存器) | | 1 字节 | 0~255 |
| √ sfr16 (16 位特殊功能寄存器) | | 2 字节 | 0~65535 |

**注意：** 当定义一个变量为特定的数据类型时，在程序中使用该变量，不应使它的值超过该数据类型的取值范围，否则会产生数据溢出现象。

### 1. char 字符型

unsigned char：无符号字符型变量声明。

signed char：有符号字符型变量声明。

char 类型字符的长度是一个字节，通常用于定义处理字符数据的变量或常量，分为无符号字符类型 unsignedchar 和有符号字符类型 signed char，默认为 signed char 类型。

unsigned char 类型用字节中所有的位来表示数值，可以表达的数值范围是 0～255。

signed char 类型用字节中最高位字节表示数据的符号，"0" 表示正数，"1" 表示负数，负数用补码表示。其能表示的数值范围是-128～+127。

unsigned char 常用于处理 ASCII 码字符或用于处理小于或等于 255 的整型数。

由于字符是按其代码（整数）形式存储的，通常在编程时可以把字符型数据作为整数类型的一种来处理。

### 2. int 整型

unsigned int：无符号整型变量声明。

signed int：有符号整型变量声明。

unsigned long：无符号长整型变量声明。

signed long：有符号长整型变量声明。

int 整型长度为两个字节，用于存放一个双字节数据，分为有符号整型数 signed int 和无符号整型数 unsigned int，默认为 signed int 类型。

signed int 表示的数值范围是-32768～+32767，字节中最高位表示数据的符号，"0" 表示正数，"1" 表示负数。

unsigned int 表示的数值范围是 0～65535。

long 长整型长度为 4 个字节，用于存放一个 4 字节数据，分为有符号长整型 signed long 和无符号长整型 unsigned long，默认为 signed long 类型。

signed int 表示的数值范围是-2147483648～+2147483647，字节中最高位表示数据的符号，"0" 表示正数，"1" 表示负数。

unsigned long 表示的数值范围是 0～4294967295。

### 3. float 单精度浮点（实）型

float：浮点型变量声明。

float 浮点型在十进制中具有 7 位有效数字，是符合 IEEE-754 标准的单精度浮点型数据，占用 4 个字节。因浮点数的结构较复杂，在以后内容中遇到再做讨论。

### 4. 指针类型

指针类型（简称指针）本身就是一个变量，在这个变量中存放的是指向另一个变量的地址。这个指针变量要占据一定的内存单元，对不同的处理器其长度也不尽相同。在 C 语言中它的长度一般为 1～3 个字节。

### 5. 位类型

bit：位变量声明。定义一个位变量时可以使用此符号。

sbit：特殊功能位声明。声明某个特殊功能寄存器中的某一位。

sfr：特殊功能寄存器的数据声明。声明一个 8 位的特殊功能寄存器。

sfr16：特殊功能寄存器的数据声明。声明一个 16 位的特殊功能寄存器。

## 2.3.2　用 typedef 重新定义数据类型

在 C 语言中，除了可以采用前面所介绍的数据类型，用户还可以根据自己的要求对数据类型重新定义。重新定义时需用到关键字 typedef。定义方法如下：

> typedef　已有的数据类型　新的数据类型名;

关键字 typedef 的作用，只是将 C 语言中已有的数据类型做了置换，因此可用置换后的新的数据类型名来进行变量的定义。例如：

> typedef int WORD;　　　　　//定义 WORD 为新的整型数据类型名
> WORD i,j;　　　　　　　　//将 i、j 定义为整型变量

**注意**：用 typedef 定义的新数据类型一般以大写字母表示，以便与 C 语言中原有的数据类型相区别；另外还要注意，用 typedef 可以定义各种新的数据类型名，但不能直接用来定义变量。typedef 只是对已有的数据类型做了一个名字上的置换。

# 2.4　运算符与表达式

完成某种特定运算的符号就是运算符。C 语言中的运算符有多种类型，包括赋值运算符、算术运算符、关系运算符、逻辑运算符和条件运算符等。

由运算及运算对象所组成的具有特定含义的式子就是表达式，表达式后面加 ";" 就构成了一个表达式语句。

C 语言的运算符不仅具有不同的优先级，而且具有不同的结合性。在表达式中，各运算对象参与运算的先后顺序，不仅要遵守运算符优先级别的规定，还要受运算符结合性的制约，以便确定是自左向右进行运算还是自右向左进行运算。这种结合性是其他高级语言的运算符所没有的，因此也增加了 C 语言的复杂性。

下面介绍 C 语言中常用运算符及表达式。

## 2.4.1　赋值运算符及表达式

### 1. 赋值运算符

"=" 这个符号读者不陌生，在 C 语言中它的功能是给变量赋值，称为赋值运算符。

### 2. 赋值表达式

利用赋值运算符将一个变量与一个表达式连接起来的式子称为赋值表达式。

### 3. 赋值语句

在表达式后面加 ";" 便构成了赋值语句。使用 "=" 的赋值语句格式如下：

变量 = 表达式;

例如：

| | |
|---|---|
| （1）a = 0xfac; | //将十六进制数 fac 赋给变量 a |
| （2）b = c = 24; | //同时赋值 24 给变量 b、c |
| （3）d = e; | //将变量 e 的值赋给变量 d |
| （4）f = m+n; | //将变量 m+n 的值赋给变量 f |

由上面的例子可以知道，赋值语句的意义就是先计算出 "=" 右边的表达式的值，然后将得到的值赋给左边的变量，而且右边的表达式可以是一个赋值表达式。

**注意：** 在 C 语言中，"=" 符号是用来进行赋值的，而 "==" 符号是用来进行相等关系运算的。

### 4. 变量初始化

变量初始化即对变量赋初值。可以用赋值语句对变量赋值，也可以在定义变量时对变量赋初值，用后面这种方法会使程序更简练，例如：

| | |
|---|---|
| int a=5; | //定义 a 为整型变量，同时赋值 5 |
| float f=5.9; | //定义 f 为浮点型变量，同时赋值 5.9 |

也可以给被定义的变量的一部分赋初值。例如：

float a=15.3, b=74.9, sum; //定义 a、b、sum 为浮点型变量，同时对 a、b 赋值 15.3、74.9

如果对几个变量赋予同一个初值，应写成：

int a=15,b=15,c=15;

要表示 a、b、c 的初值都是 15，不能写成：

int a=b=c=15;

## 2.4.2 算术运算符及表达式

### 1. 算术、增减量运算符及优先级

C 语言中的算术运算符如表 2-6 所示。

表 2-6 C 语言中的算术运算符

| 算术运算符 | 含 义 | 结 合 性 |
|---|---|---|
| + | 加 | 自左向右 |
| - | 减 | |
| * | 乘 | |
| / | 除 | |
| % | 求余 | |

| 算术运算符 | 含　义 | 结　合　性 |
| --- | --- | --- |
| ++ | 自加 | 自右向左 |
| -- | 自减 | |

加、减、乘运算相对比较简单，而对于除运算，如相除的两个数为浮点数，则运算的结果也为浮点数；如相除的两个数为整数，则运算的结果也为整数，即为整除。例如：

```
25.0/20.0        //结果为 1.25
25/20            //结果为 1
```

对于求余运算，则要求参加运算的两个数必须为整数，运算结果为它们的余数。例如：

```
x=5%3;           //结果 x 的值为 2
```

自加（++）和自减（--）运算符的作用是使变量的值加 1 或减 1。这两个运算符是 C 语言中所特有的，使用非常方便。但要注意变量在符号前或后，其含义是不同的。

```
i++, i--         //在使用 i 之后，再使 i 的值加（减）1
++i,--i          //在使用 i 之前，使 i 的值先加（减）1
```

例如：若 i 的值原来为 1，则

```
k=i++;           //先将 i 的值 1 赋给 k，k 的值为 1，然后 i 的值加 1 变为 2
k=++i;           //i 的值先加 1 变成 2，然后再赋给 k，k 的值也为 2
```

自加和自减运算符常用于循环语句中，使循环变量自动加 1 或减 1；也可用于指针变量，使指针指向下一个地址，这些将在后续的内容中介绍。

#### 2. 算术表达式

用算术运算符和括号将运算对象（也称操作数）连接起来的、符合 C 语法规则的式子，称为算术表达式。其运算对象包括常量、变量、函数等。算术运算符的结合方向一般是自左向右。例如：

```
a-b+c            //先执行 a 减 b 的操作，再执行加 c 的运算
```

## 2.4.3　关系运算符及表达式

### 1. 关系运算符及优先级

C 语言中的关系运算符如表 2-7 所示。

**表 2-7　C 语言中的关系运算符**

| 关系运算符 | 含　义 | 优　先　级 | 结　合　性 |
| --- | --- | --- | --- |
| > | 大于 | 相同（高） | 自左向右 |
| >= | 大于等于 | | |
| < | 小于 | | |
| <= | 小于等于 | | |

续表

| 关系运算符 | 含 义 | 优 先 级 | 结 合 性 |
| --- | --- | --- | --- |
| == | 等于 | 相同（低） | 自左向右 |
| ! = | 不等于 | | |

### 2. 关系表达式

关系运算用于比较两个数的大小，用关系运算符将两个表达式连接起来形成的式子称为关系表达式。关系表达式通常用来作为判别条件构成选择或循环程序。关系表达式的一般形式如下：

表达式 1　关系运算符　表达式 2

关系运算的结果为逻辑量，关系成立为真（1），关系不成立为假（0）。例如：

5>3　　　　//结果为真（1）
10= =100　　//结果为假（0）

**注意：**关系运算符"= ="是由两个"="组成的。关系运算符的运算结果只有 0 和 1 两种，也就是逻辑的真（1）与假（0）。

## 2.4.4　逻辑运算符及表达式

由于关系运算符的运算结果只有 0 和 1 两种，也就是逻辑的真与假，换句话说就是逻辑量，而逻辑运算符则用于对逻辑量运算的表达。

### 1. 逻辑运算符

逻辑表达式的一般形式为
逻辑与：条件式 1 && 条件式 2
逻辑或：条件式 1 || 条件式 2
逻辑非：! 条件式 2
（1）逻辑与
"逻辑与"是指当条件式 1 与条件式 2 都为真时，结果为真（非 0 值），否则为假（0 值）。也就是说先对条件式 1 进行判断，如果为真（非 0 值），则继续对条件式 2 进行判断。当条件式 2 判断结果为真时，逻辑运算的结果为真（1）；如果条件式 2 判断结果不为真，逻辑运算的结果为假（0 值）。如果判断出条件式 1 就不为真的话，就不用再判断条件式 2 了，而是直接给出运算结果为假（0）。
（2）逻辑或
"逻辑或"是指只要两个条件式中有一个为真（非 0 值），逻辑运算结果就为真（1）；只有当条件式都不为真时，逻辑运算结果才为假（0）。
（3）逻辑非
"逻辑非"是指把逻辑运算结果值取反。也就是说如果条件式的运算值为真（非 0 值），进行逻辑非运算后则结果变为假（0），条件式运算值为假时则结果为真（1）。

## 2. 逻辑运算符的优先级

C 语言中的逻辑运算符如表 2-8 所示。

表 2-8　C 语言中的逻辑运算符

| 逻辑运算符 | 含　义 | 优　先　级 | 结　合　性 |
|---|---|---|---|
| && | 与 | 相同（低） | 自左向右 |
| \|\| | 或 | | |
| ! | 非 | 高 | 自右向左 |

逻辑运算符的优先次序为

　　　　　! → && → ||　　　　　（!为三者中最高）

逻辑运算符与其他运算符的优先次序为

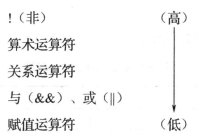

　　! （非）　　　　　　　（高）

　　算术运算符

　　关系运算符

　　与（&&）、或（||）

　　赋值运算符　　　　　（低）

## 3. 逻辑运算的值

逻辑运算值分为"真"和"假"两种，编译系统在表示逻辑运算结果时，以数值 1 代表"真"，以数值 0 代表"假"；但在判断一个量是否为"真"时，以 0 代表"假"，以非 0 代表"真"。即将一个非零的数值认为"真"，例如：

（1）若 a=4，则 !a 的值为 0。

（2）若 a=4，b=5，则 a && b 的值为 1。

（3）a 和 b 值分别为 4 和 5，则 a||b 的值为 1。

（4）a 和 b 值分别为 4 和 5，则 !a||b 的值为 1。

（5）4 && 0 || 2 的值为 1。

## 4. 逻辑表达式

关系运算符用于反映两个表达式之间的大小关系，逻辑运算符则用于求条件式的逻辑值，用逻辑运算符将关系表达式或逻辑量连接起来的式子就是逻辑表达式。逻辑表达式的值就是式子中所有逻辑运算的最后结果，应该是逻辑量"真"或"假"。例如：

　　age>=13 && age<=17

表示如果年龄大于等于 13 同时小于等于 17，则上述逻辑表达式的值为"真"，否则为"假"。

　　age<12 || age>65

表示如果年龄小于 12 或者大于 65，则上述逻辑表达式的值为"真"，否则为"假"。

### 2.4.5  条件运算符

C 语言中的条件运算符是 "?:"。

条件运算符是 C 语言中唯一的三目运算符，它要求有三个运算对象，用它可以将三个表达式连接在一起构成一个条件表达式。条件表达式的一般格式为

> 逻辑表达式? 表达式 1:表达式 2;

其功能是先计算逻辑表达式的值，当逻辑表达式的值为真（非 0 值）时，将计算的表达式 1 的值作为整个条件表达式的值；当逻辑表达式的值为假（0 值）时，将计算的表达式 2 的值作为整个条件表达式的值。例如，条件表达式为

> max=(a>b)?a:b;

其执行结果：当 a>b 时，将 a 赋值给变量 max；当 a<b 时，将 b 赋值给变量 max。

### 2.4.6  位运算符

C 语言中的位运算符如表 2-9 所示。

表 2-9  C 语言中的位运算符

| 位 运 算 符 | 含　义 |
| :---: | :---: |
| & | 逻辑与 |
| \| | 逻辑或 |
| ~ | 取反 |
| ^ | 异或 |
| >> | 右移 |
| << | 左移 |

位运算按二进制位对变量进行运算，但并不改变参与运算的变量的值。如果要求按位改变变量的值，则要利用相应的赋值运算。C 语言中位运算符只能对整数进行操作，不能对浮点数进行操作。

### 2.4.7  复合赋值运算符

C 语言支持在赋值运算符 "=" 的前面加上其他运算符，组成复合赋值运算符。C 语言支持的复合赋值运算符如表 2-10 所示。

表 2-10  C 语言支持的复合赋值运算符

| 复合赋值运算符 | 含　义 | 复合赋值运算符 | 含　义 |
| :---: | :---: | :---: | :---: |
| += | 加法赋值 | −= | 减法赋值 |
| *= | 乘法赋值 | /= | 除法赋值 |
| %= | 取模赋值 | &= | 逻辑与赋值 |
| \|= | 逻辑或赋值 | ^= | 逻辑异或赋值 |
| ~= | 逻辑非赋值 | >>= | 右移位赋值 |
| <<= | 左移位赋值 | | |

复合赋值运算的一般格式如下：

变量　复合赋值运算符　表达式;

其处理过程：先把变量与后面的表达式进行某种运算，然后将运算的结果赋给前面的变量。其实这是 C 语言中简化程序的一种方法，大多数双目运算都可以用复合赋值运算符简化表示。

例如，可以有以下的复合赋值运算符：

a += 5　等价于　a = a + 5
x *= y+4　等价于　x = x*(y+4)
y %= 9　等价于　y = y % 9

### 2.4.8　逗号运算符

在 C 语言中，逗号 "," 是一个特殊的运算符，可以用它将两个或两个以上的表达式连接起来，称为逗号表达式。逗号表达式的一般格式为

表达式 1,表达式 2,…,表达式 n

程序执行时对逗号表达式的处理：按从左至右的顺序依次计算出各个表达式的值，而整个逗号表达式的值是最右边的表达式（n）的值。例如：

x=(a=3,6*3);

结果 x 的值为 18。

### 2.4.9　求字节数运算符 sizeof

sizeof 是用来求数据类型、变量或表达式的字节数的一个运算符，但它并不像 "=" 之类运算符那样在程序执行后才能计算出结果，它是直接在编译时产生结果的，sizeof 运算符非常有用。它的语法如下：

sizeof (数据类型)
sizeof (表达式)

下面是两个应用例句，在后面的项目任务中有相关程序的编写。

printf("char 是多少个字节? %bd 字节\n",sizeof(char));
printf("long 是多少个字节? %bd 字节\n",sizeof(long));

结果：

char 是多少个字节? 1 字节
long 是多少个字节? 4 字节

# 2.5　复合语句

复合语句是由若干条语句组合而成的一种语句。在 C 语言中用一个大括号 "{}" 将若干

条语句括在一起就形成了一个复合语句。复合语句最后不需要以分号";"结束，但它内部的各条语句仍需以分号";"结束。复合语句的一般形式为

```
{
        局部变量定义;
        语句 l;
        语句 2;
}
```

例如：

```
{
        z=x+y;
        t=z/10;
        printf("%f",t);
}
```

# 2.6   数据的输入/输出函数

C 语言本身不提供输入/输出语句，输入和输出操作是通过 C 标准函数库中的函数来实现的。

**注意：** 在使用系统库函数时，要在程序文件的开头用预处理命令#include 将有关头文件包含进来。在调用标准输入/输出库函数时，应该使用#include<stdio.h>或 include"stdio.h"把 stdio.h 头文件包含到源程序文件中。

## 2.6.1   printf()函数及用法

printf()函数称为格式输出函数，其作用是按用户指定的格式，通过串行口把指定的数据显示出来。它的一般格式如下：

```
printf(格式控制,输出参数表);
```

例如：

```
printf("%d,%d \n",a ,b);
```

格式控制是指用双引号括起来的字符串，也称转换控制字符串，它包括三种信息：格式说明符、普通字符和转义字符。

（1）格式说明符：由"%"和格式字符组成，它的作用是指明输出数据的格式，如%d、%f 等，具体说明见表 2-11。

表 2-11   printf() 函数中常用的格式字符

| 格 式 字 符 | 数 据 类 型 | 输 出 格 式 |
|---|---|---|
| d | int | 带符号十进制数 |
| u | int | 无符号十进制数 |
| o | int | 无符号八进制数 |

续表

| 格式字符 | 数据类型 | 输出格式 |
|---|---|---|
| x | int | 无符号十六进制数，用"a"～"f"表示 |
| X | int | 无符号十六进制数，用"A"～"F"表示 |
| f | float | 带符号十进制数浮点数，形式为[-]dddd.dddd |
| e，E | float | 带符号十进制数浮点数，形式为[-]d.ddddE±dd |
| g，G | float | 自动选择 e 或 f 格式中更紧凑的一种输出格式 |
| c | char | 单个字符 |
| s | 指针 | 指向一个带结束符的字符串 |
| p | 指针 | 带存储器批示符和偏移量的指针，形式为 M:aaaa |

（2）普通字符：普通字符即需要在输出时原样输出的字符，如前面例中 printf() 函数中的逗号、空格等。

（3）转义字符：如前面例中 printf()函数中的"\n"就是转义字符，有关转义字符的含义请参考表 2-3。

（4）输出参数表：输出参数表是程序需要输出的一些数据，可以是常量、变量或表达式。

## 2.6.2  scanf()函数及用法

scanf() 函数称为格式输入函数，其作用是按照变量在内存中分配的地址，将变量的值直接存进去。它的一般格式如下：

```
scanf(格式控制,地址表列);
```

例如：

```
scanf("%d %d",&a,&b);
```

其中，格式控制与 printf()函数相同，地址表列是由若干个地址组成的表列，可以是变量的地址，或字符串的首地址。符号"&"是地址运算符，"&a"代表取 a 变量的地址，"&b"代表取 b 变量的地址。

使用 scanf()函数时应注意：

（1）scanf()函数中的"格式控制"后面应当是变量地址，而不是变量名。

（2）如果在"格式控制"字符串中除格式说明以外还有其他字符，则在输入数据时在对应位置应输入与这些字符相同的字符。

（3）在用"%c"格式输入字符时，空格字符和转义字符都作为有效字符输入。

（4）在输入数据时，遇到以下情况时认为该输入操作结束。

① 空格，或按下"回车"（Enter）或"跳格"（Tab）键；

② 按指定的宽度结束，如"%2d"，只取 2 列；

③ 遇非法输入。

## 2.6.3  putchar()函数及用法

putchar()函数是字符输出函数，其作用是向终端输出一个字符。它的一般格式如下：

```
putchar(c);
```

它输出一个字符变量 c 的值。c 可以是字符常量、整型常量、字符变量或整型变量（其值在字符的 ASCII 代码范围内）。例如：

```
char a='B',b='O',c='Y';                    //定义 3 个字符变量并初始化
putchar(a);putchar(b); putchar(c); putchar('\n');
```

运行相应的 C 程序后，其输出结果为

```
BOY
```

如将

```
putchar(a);putchar(b);putchar(c);putchar('\n');
```

改为

```
putchar(a);putchar('\n'); putchar(b);putchar('\n');putchar(c);putchar('\n');
```

则输出结果变为

```
B
O
Y
```

**注意：**

（1）putchar() 函数既可以输出能在显示器屏幕上显示的字符，也可以输出屏幕控制字符，如 "putchar('\n') ;" 的作用是输出一个换行符，使输出的当前位置移到下一行的开头；"putchar('\101');" 的作用是输出字符 A，其中 101 是字符 A 的八进制 ASCII 码；"putchar('\000');" 的作用是输出一个空格。

（2）字符类型也属于整数类型，因此将一个字符赋给字符变量和将字符的 ASCII 码赋给字符变量作用是完全相同的（但应注意，整型数据应在 0～127 的范用内）。

### 2.6.4  getchar() 函数及用法

getchar() 函数是字符输入函数，其作用是从输入设备输入一个字符。getchar() 函数没有参数。它的一般格式如下：

```
getchar();
```

例如：

```
char c;
c=getchar();
putchar('\n') ;
putchar(c) ;
putchar('\n') ;
```

运行相应的 C 程序后，从键盘输入字符 "a"，按 Enter 键，屏幕上将显示输出字符 "a"。

## 2.7  预处理命令

C 语言与其他高级语言的一个重要区别是它具有预处理功能，可以使用预处理命令。但

要注意的是，预处理命令并不是 C 语句，只是供编译系统在编译程序时，根据预处理命令对程序做相应的处理，并不生成目标代码。预处理命令通常放在整个源程序的最前面。使用预处理命令，将有利于程序的可移植性，增加程序的灵活性。

为了与一般 C 语句相区别，预处理命令以符号"#"开头，下面介绍 C 语言程序设计中具体要用到的预处理命令。

C 语言提供的预处理功能主要有宏定义、文件包含处理和条件编译等。

## 2.7.1　宏定义

宏定义是指用一个指定的标识符来代表一个字符串。它的一般形式如下：

```
#define  标识符  字符串
```

它的作用是在本程序文件中用指定的标识符来代替字符串。例如：

```
#define   PI    3.14159              //用指定的标识符 PI 代替字符串 3.14159
#define   uint   unsigned int         //用指定的标识符 uint 代替字符串 unsigned int
#define   uchar  unsigned char        //用指定的标识符 uchar 代替字符串 unsigned char
#define   false  0                   //用指定的标识符 false 代替字符 0
#define   true   1                   //用指定的标识符 true 代替字符 1
```

几点说明：

（1）标识符（又称作宏名）一般习惯用大写字母表示，以便与变量名相区别；但这并非规定，也可用小写字母。

（2）使用宏名代替一个字符串，可以减少程序中重复书写某些字符串的工作量。

（3）宏定义是用宏名代替一个字符串，只是做简单的置换，不做正确性检查。

（4）宏定义不是 C 语句，不必在行末加分号。如果加了分号则会连分号一起进行置换，这一点请读者使用时注意。

（5）宏定义是专门用于预处理命令的一个专用名词，它与定义变量的含义不同，只做字符替换，不分配内存空间。

## 2.7.2　文件包含处理

所谓文件包含处理是指一个源文件可以将另外一个源文件的全部内容包含进来，即将另外的文件包含到本文件之中。C 语言提供了#include 命令实现文件包含的操作。其一般形式有以下两种。

① #include"文件名"。

② #include <文件名>。

例如：

```
#include <reg51.h>        //将 51 单片机头文件包含到源程序中
#include <stdio.h>        //将标准输入/输出头文件包含到源程序中
#include"uart_init.c"     //将串行口初始化程序包含到源程序中
```

文件包含处理一般用在整个源文件的头部，这种常用在文件头部的被包含的文件称为标题文件或头文件，常以".h"为后缀，如"stdio.h"；也可以不用".h"为后缀，而用".c"为后缀或者没有后缀，但用".h"做后缀更能表示此文件的性质。

几点说明：

（1）一个#include 命令只能指定一个被包含文件，如果要包含 n 个文件，要用 n 个#include 命令。

（2）如果文件 1 包含文件 2，而在文件 2 中要用到文件 3 的内容，则可在文件 1 中用两个#include 命令分别包含文件 2 和文件 3，而且文件 3 应出现在文件 2 之前，如在 file1.c 中定义：

```
#include "file3. h"
#include "file2. h"
```

这样，file1 和 file2 都可以用 file3 的内容，在 file2 中不必再用#include "file3.h"了。

（3）在一个被包含文件中又可以包含另一个被包含文件，即文件包含是可以嵌套的。

（4）在#include 命令中，文件名可以用双撇号或尖括号括起来，它们都是合法的。两者的区别是用尖括号（如<stdio.h>形式）时，系统到存放 C 库函数头文件的目录中寻找要包含的文件，这称为标准方式；用双撇号（如"file2.h"形式）时，系统先在用户当前目录中寻找要包含的文件，若找不到，再按标准方式查找。

### 2.7.3　条件编译

所谓条件编译，就是指对源程序中某一部分内容指定编译的条件，只有当条件满足时才进行编译；当条件不满足时，则不编译这部分内容。

条件编译命令有以下几种形式：

（1）形式一

```
#ifdef 标识符
    程序段 1
    #else
    程序段 2
# endif
```

它的作用是若所指定的标识符已经被#define 命令定义过，则在程序编译阶段编译程序段 1；否则编译程序段 2。其中#else 部分可以没有，即

```
#ifdef 标识符
程序段 1
# endif
```

这里的程序段可以是语句组，也可以是命令行。采用条件编译可以提高 C 程序的通用性。

（2）形式二

```
# ifndef 标识符
    程序段 1
    #else
    程序段 2
#endif
```

这种形式只是第一行与第一种形式不同：将#ifdef 改为#ifndef。它的作用是若标识符未被定义过，则编译程序段 1；否则编译程序段 2。这种形式与第一种形式的作用相反。

（3）形式三

```
#if 表达式
    程序段 1
    #else
    程序段 2
#endif
```

它的作用是当指定的表达式值为真（非零）时就编译程序段 1；否则编译程序段 2。可以事先给定条件，使程序在不同的条件下执行不同的功能。

有关预处理命令的具体应用，将在后面各个项目中出现，请读者用心学习与思考，逐步掌握预处理命令的用法。

# 2.8  任 务 实 现

通过上面的学习，读者已经对 C 语言的基本数据类型、运算符、表达式、赋值语句、数据的输入/输出函数和预处理命令有了一定的了解和认识，接下来读者就可以针对前面的任务编写 C 程序，在 Keil（或 Visual C++）开发软件上调试通过。本书所有任务均在 Keil 开发软件上调试。

程序上机调试与运行步骤如下：

（1）建立工程项目；

（2）输入源程序并保存；

（3）添加源程序至工程项目中；

（4）编译与连接程序；

（5）采用单步（Step）或连续（Run）执行键运行程序；

（6）打开串行口（显示）窗口，观察程序运行结果。

## 任务 2.1：求两整数之和

**要求：**

（1）采用赋值语句对 a、b 赋值。

（2）采用 scanf()函数输入 a、b 的值。

**源程序如下：**

（1）采用赋值语句对 a、b 赋值。

```
/******************************************************
 *@File        chapter 2-1-1.c
 *@Function    求 a、b 两个整数之和
 ******************************************************/
#include <reg51.h>                    //预处理命令
#include <stdio.h>
void main( )                          //定义主函数
{
    int a,b,sum;                      //定义 a、b、sum 为整型变量
    SCON=0x52;                        //串行口初始化，打开显示窗口
```

```
        TMOD=0x20;
        TH1=0xf3;
        TR1=1;
        a = 23;                              //采用赋值语句对变量 a、b 赋值
        b = 44;
        sum = a + b;                         //将 a 与 b 的和赋给 sum
        printf("sum is %d\n",sum);           //调用库函数，输出 sum
        while(1);                            //程序暂停
    }
```

打开 Keil 软件，按上机调试与运行步骤调试运行程序，其运行结果如图 2-3 所示。

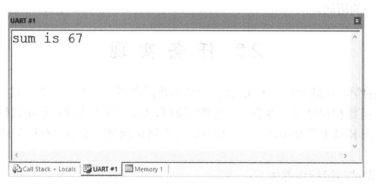

图 2-3　运行结果

（2）采用 scanf() 函数输入 a、b 的值。

```
    /*******************************************************
    *@File          chapter 2-1-2.c
    *@Function      求 a、b 两个整数之和
    *******************************************************/
    #include <reg51.h>                       //预处理命令
    #include <stdio.h>
    void main( )                             //定义主函数
    {
        int a,b,sum;                         //定义整型变量 a、b、sum
        SCON=0x52;                           //串行口初始化，打开显示窗口
        TMOD=0x20;
        TH1=0xf3;
        TR1=1;
        printf("please input a and b:\n");   //输出提示信息
        scanf("%d,%d" ,&a,&b);               //通过调用 scanf()库函数对 a、b 赋值
        sum =   a + b;                       //将 a 与 b 的和赋给 sum
        printf("sum is %d\n",sum);           //调用库函数，其功能是输出 sum 的值
        while(1);                            //空循环，程序暂停
    }
```

打开 Keil 软件，按上机调试与运行步骤调试运行程序，其运行结果如图 2-4 所示。

```
UART #1                                                    ×
please input a and b:
36,45
sum is 81



Call Stack + Locals    UART #1    Memory 1
```

图 2-4 运行结果

## 任务2.2：两整数加、减、乘、除和求余运算

**要求**：给定两个整数，求两个数的加、减、乘、除和求余运算结果后输出。

**源程序如下：**

```c
/*************************************************
 *@File        chapter 2-2.c
 *@Function    两个数的加、减、乘、除和求余运算
*************************************************/
#include<reg51.h>                    //预处理命令
#include<stdio.h>                    //定义主函数
void main()                          //函数开始的标志
{
    int a,b,sum,sub,product,quotient,mod;
    SCON=0x52;                       //串行口初始化，打开显示窗口
    TMOD=0X20;
    TH1=0xf3;
    TR1=1;
    a=45;                            //给定数值 a
    b=21;                            //给定数值 b
    sum=a+b;                         //加法运算
    sub=a-b;                         //减法运算
    product=a*b;                     //乘法运算
    quotient=a/b;                    //除法运算
    mod=a%b;                         //求余运算
    printf(" sum is %d\n
        sub is %d\n product is %d\n
        quotient is %d\n mod is %d\n",
        sum,sub,product,quotient,mod);
    while(1);
}
```

打开 Keil 软件，按上机调试与运行步骤调试运行程序，其运行结果如图 2-5 所示。

## 任务2.3：将两位十进制数分离为十位数和个位数

**要求**：给定一个两位十进制数，通过程序将其分离成十位数和个位数并输出。

```
UART #1
sum is 66
sub is 24
product is 945
quotient is 2
mod is 3
```

图 2-5　运行结果

（1）采用赋值语句给定一个两位十进制数。

（2）采用 scanf()函数输入一个两位十进制数。

**源程序如下：**

（1）采用赋值语句给定一个两位十进制数。

```
/***************************************************
  *@File        chapter 2-3-1.c
  *@Function    给定一个两位十进制数，分离成十位数和个位数
 ***************************************************/
#include<reg51.h>                    //预处理命令
#include<stdio.h>                    //定义主函数
void main()
{
    int a,shi,ge;
    SCON=0x52;                       //串行口初始化，打开显示窗口
    TMOD=0X20;
    TH1=0xf3;
    TR1=1;
    a=45;
    shi=a/10;                        //分离十位数
    ge=a%10;                         //分离个位数
    printf(" a is %d\n shi is %d\n ge is %d\n",a,shi,ge);
    while(1);
}
```

打开 Keil 软件，按上机调试与运行步骤调试运行程序，其运行结果如图 2-6 所示。

```
UART #1
a is 45
shi is 4
ge is 5
```

图 2-6　运行结果

（2）采用 scanf()函数输入一个两位十进制数。

```
/*******************************************************
    *@File         chapter 2-3-2.c
    *@Function     给定一个两位十进制数，分离成十位数和个位数
*******************************************************/
#include<reg51.h>                     //预处理命令
#include<stdio.h>                      //定义主函数
void main()
{
    int a,shi,ge;
    SCON=0x52;
    TMOD=0X20;
    TH1=0xf3;
    TR1=1;
    printf("please input a:\n");        //信息提示
    scanf("%d",&a);                    //采用 scanf()函数输入一个两位十进制数
    shi=a/10;                          //分离十位数
    ge=a%10;                          //分离个位数
    printf(" a is %d\n shi is %d\n ge is %d\n",a,shi,ge);
    while(1);
}
```

打开 Keil 软件，按上机调试与运行步骤调试运行程序，其运行结果如图 2-7 所示。

```
UART #1
please input a:
73
a is 73
shi is 7
ge is 3
```

图 2-7　运行结果

## 任务 2.4：给定一个大写字母，用相应的小写字母输出

**要求**：给定一个大写字母，转换成相应的小写字母后输出。

（1）采用赋值语句给定大写字母。

（2）采用 scanf()函数给定大写字母。

**源程序如下：**

（1）采用赋值语句给定大写字母。

```
/*******************************************************
    *@File         chapter 2-4-1.c
    *@Function     给定一个大写字母，要求用相应的小写字母输出
*******************************************************/
```

```
#include <reg51.h>                    //预处理命令
#include <stdio.h>
void main( )                          //定义主函数
{
    char c1,c2;                       //定义字符型变量 c1、c2
    SCON=0x52;                        //串行口初始化，打开显示窗口
    TMOD=0x20;
    TH1=0xf3;
    TR1=1;
    c1='M';                           //采用赋值语句给定大写字母
    c2=c1+32;                         //大写字母转小写字母
    printf("%c\n",c1);                //输出大小写字母
    printf("%c\n",c2);
    while(1);
}
```

打开 Keil 软件，按上机调试与运行步骤调试运行程序，其运行结果如图 2-8 所示。

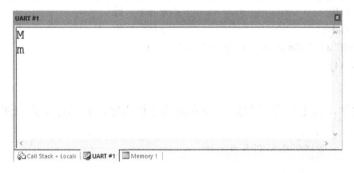

图 2-8　运行结果

（2）采用 scanf()函数给定大写字母。

```
/*********************************************************
 *@File         chapter 2-4-2.c
 *@Function     输入一个大写字母，要求用相应的小写字母输出
 *********************************************************/
#include <reg51.h>                    //预处理命令
#include <stdio.h>
void main( )                          //定义主函数
{
    char c1,c2;                       //定义字符型变量 c1、c2
    SCON=0x52;                        //串行口初始化，打开显示窗口
    TMOD=0x20;
    TH1=0xf3;
    TR1=1;
    printf("please input c1:\n");     //信息提示
    scanf("%c",&c1);                  //采用 scanf()函数输入大写字母
    c2=c1+32;                         //大写字母转小写字母
    printf("\n");
```

```
        printf("%c\n",c2);                    //输出小写字母
        while(1);
    }
```

打开 Keil 软件，按上机调试与运行步骤调试运行程序，其运行结果如图 2-9 所示。

```
UART #1                                                                      ×
please input c1:
N
n
```

图 2-9　运行结果

## 任务 2.5：在屏幕上输出图案

**要求**：请在屏幕上输出以下图案。

```
    ******
      ******
        ******
```

**源程序如下：**

```
/***************************************************************
 *@File          chapter 2-5.c
 *@Function      在屏幕上输出显示图形
 ***************************************************************/
#include <reg51.h>               //预处理命令
#include <stdio.h>
void main( )                     //定义主函数
{
    SCON=0x52;                   //串行口初始化，打开显示窗口
    TMOD=0x20;
    TH1=0xf3;
    TR1=1;
    printf(" ******\n");         //输出所指定的信息
    printf("   ******\n");
    printf("     ******\n");
    while(1);                    //空循环，程序暂停
}
```

打开 Keil 软件，按上机调试与运行步骤调试运行程序，其运行结果如图 2-10 所示。

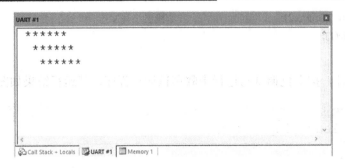

图 2-10　运行结果

# 2.9　工　程　应　用

通过上面的学习和上机调试，想必读者对 C 语言已经有了一些了解，为了更好地利用 C 语言解决工程实际问题，现在让我们一起步入到工程项目的学习应用中去，通过项目任务的学习与上机调试，知道 C 语言究竟用在哪里。

## 工程应用 2.1：点亮一个发光二极管

### 1. 任务描述

在现实生活中，经常遇到信号灯控制，现要求用 C 语言编程，采用 C 语言工程应用仿真实验板作为硬件平台，点亮 P1 端口对应的一个发光二极管。

C 语言工程应用仿真实验板电路图如图 2-11 所示。其用法请参考附录 A。

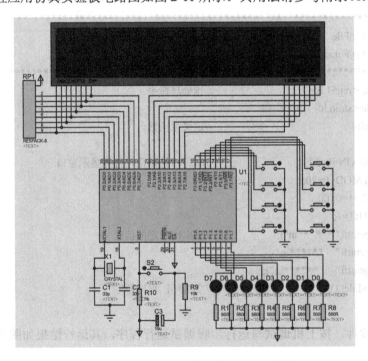

图 2-11　C 语言工程应用仿真实验板电路图

## 2. 编写 C 程序

（1）编程思路：由 C 语言工程应用仿真实验板电路图可知，当 P1 端口输出高电平时，发光二极管灭；输出低电平时，发光二极管亮。

在本任务中，使用 P1 端口的第一脚（记为 P1.0）来控制发光二极管点亮。

（2）源程序如下。

```
/***********************************************
 *@File        chapter 2-4.c
 *@Function    点亮一个发光二极管
 ***********************************************/
#include <reg51.h>          //预处理命令
sbit LED1=P1^0;             //定义 P1 端口的第一脚接 LED1
void main( )                //定义主函数
{
    LED1=0;                 //点亮一个发光二极管
}
```

## 3. 上机调试与仿真

（1）打开 Keil 软件，建立工程。

（2）输入源程序，使源程序编译连接正确。

（3）打开 C 语言工程应用仿真实验板，设置联调。

（4）单击 Keil 软件中的"Debug"按钮，使 Proteus 进入调试状态。

（5）采用单步（Step）或连续（Run）执行键运行程序，其仿真结果如图 2-12 所示。

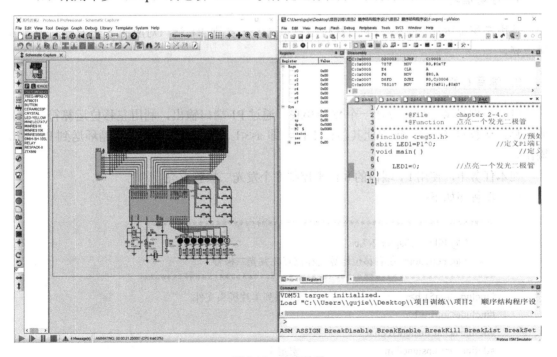

图 2-12　仿真结果

当然，也可以点亮两个或多个发光二极管，参考下面代码段修改源程序。

```
#include <reg51.h>              //预处理命令
sbit LED1=P1^0;                 //定义 P1 端口的第一脚接 LED1
sbit LED2=P1^1;                 //定义 P1 端口的第二脚接 LED2
void main( )                    //定义主函数
{
    LED1=0;                     //点亮一个发光二极管
    LED2=0;                     //点亮另一个发光二极管
}
```

运行修改后的源程序，确定能让两个发光二极管同时点亮。

在上述程序段中，采用的是 P1 端口位定义方式实现发光二极管点亮，还可以采用 P1 端口整字节送代码方式实现发光二极管点亮。参考下面代码段修改源程序，点亮四个发光二极管。

```
#include <reg51.h>              //预处理命令
void main( )                    //定义主函数
{
    P1=0x0f;                    //点亮四个发光二极管
}
```

其中，"P1=0x0f; "等价于"P1=15;"，即可以用十六进制数（0x0f）形式对 P1 端口赋值，也可以用十进制数（15）形式对 P1 端口赋值，请读者上机尝试。

## 工程应用 2.2：移位点亮发光二极管

### 1. 任务描述

使用左移位运算符（<<）和右移位运算符（>>）实现 P1 端口对应的 8 个发光二极管移位点亮。

### 2. 编写 C 程序

（1）编程思路：预先设计一个数 a=0xfe，通过 P1 端口输出，利用左移位运算符（<<）或右移位运算符（>>），每次让其移位 1 位，即 a<<1（或者 a>>1），再次循环送到 P1 端口输出。

在本任务中，使用 P1 端口的 8 位来控制 8 个发光二极管点亮。

（2）源程序如下：

```
/************************************************************
 * @ File:   chapter 2-7.c
 * @ Function: 左右移位运算符移位点亮发光二极管
 ************************************************************/
#include<reg51.h>              //51 系列单片机头文件
#include<intrins.h>
#define uchar unsigned char
#define uint unsigned int      //宏定义
void delayms(uint xms)         //延时 xms 子函数
```

```
    {
        uint i,j;
        for(i=xms;i>0;i--)
            for(j=110;j>0;j--);
    }
    void main()                          //定义主函数
    {
        uchar a,n;                       //定义整型变量
        while(1)
        {
            a=0x01;                      //LED 灯显示字初值
            for(n=0;n<8;n++)             //循环 8 次
            {
                P1=~a;                   //取反
                delayms(100);            //延时 100ms
                a=a<<1;                  //左移 1 位
            }
            a=0x80;                      //LED 灯显示字初值（反方向）
            for(n=0;n<8;n++)             //循环 8 次
            {
                P1=~a;                   //取反
                delayms(100);            //延时 100ms
                a=a>>1;                  //右移 1 位
            }
        }
    }
```

### 3. 上机调试与仿真

（1）打开 Keil 软件，建立工程。

（2）输入源程序，使源程序编译连接正确。

（3）打开 C 语言工程应用仿真实验板，设置联调。

（4）单击 Keil 软件中的"Debug"按钮，使 Proteus 进入调试状态。

（5）采用单步（Step）或连续（Run）执行键运行程序，其仿真结果如图 2-13 所示。

## 归纳与总结

　　顺序结构是一种最简单、最基本的程序结构，程序从上往下依次顺序执行，这种结构在后面选择结构和循环结构中都要用到。预处理功能是 C 语言特有的功能，它是编译系统在编译程序时，根据预处理命令对程序做相应的处理，并不生成目标代码，一般放在整个源程序的最前面。本项目主要学习在顺序结构中如何使用预处理命令、如何定义变量、如何对变量赋值、如何输入数据及如何输出数据等。在项目的最后，通过用 C 语言编程实现点亮发光二极管，进一步认识选择结构在工程中的实际应用。

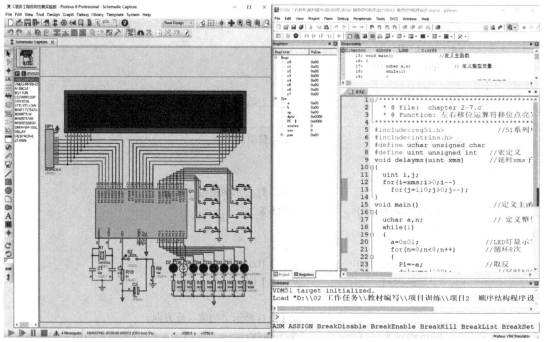

图 2-13　仿真结果

 练习题

1. 请上机调试，完成本项目任务 2.1～任务 2.5。
2. 编写一个 C 程序，求三个实数之和。
3. 编写一个 C 程序，找出三个整数中的最小数和最大数。
4. 编写一个 C 程序，输入一个四位十进制整数，将其分离为千、百、十、个位并输出。
5. 编写一个 C 程序，在屏幕上输出以下菱形图案。

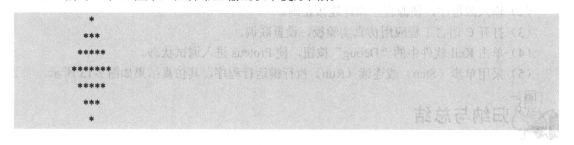

# 项目3　选择结构程序设计

**教学目的**
- 了解 C 语言选择结构特点；
- 熟练掌握 if 语句及用法；
- 熟练掌握 switch 语句及用法；
- 熟悉关系、逻辑、条件、逗号运算符与表达式；
- 熟练掌握选择结构程序设计方法。

**重点与难点**
- if 语句三种形式及用法；
- switch 语句及用法；
- 逻辑表达式写法及用法；
- 选择结构程序设计方法。

 项目任务

任务 3.1：比较大小

任务 3.2：两个整数排序

任务 3.3：三个整数排序

任务 3.4：大、小写字母转换

任务 3.5：比较大小并进行算术运算

任务 3.6：判断星期并显示

任务 3.7：百分制分数转换为成绩等级

任务 3.8：输入字符并进行算术运算

任务 3.9：闰年判断

 相关知识

前面介绍了顺序结构程序设计。在顺序结构中，各条语句是按自上而下的顺序执行的，是无条件的，是最简单的程序结构。但实际上，很多情况都需要根据某个条件是否满足来决定是否执行指定的操作任务，或者从给定的两种或多种操作中选择其一，这就是选择结构。选择结构流程图如图 3-1 所示。

其中，P 是一个条件判断框。无论条件 P 是否成立，只能执行框 A 或框 B 之一，不可能既执行框 A 又执行框 B。执行完框 A 或框 B 后，程序将接着执行下一条语句。

有时，两个框中可以有一个是空的，即不执行任何操作，如图 3-2 所示。

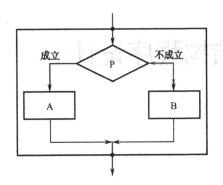
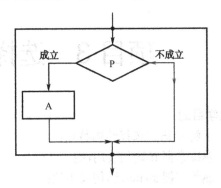

图 3-1　选择结构流程图　　　　　　　　图 3-2　一个框为空

总体来说，C 语言有两种选择语句：

① if 语句，用来实现两个分支的选择结构。

② switch 语句，用来实现多分支的选择结构。

下面对这两种选择语句的用法做详细介绍。

# 3.1　if 语句及用法

if 语句用来判定所给定的条件是否满足，根据判定的结果（真或假）决定执行给出的两种操作之一。

### 1. if 语句的一般形式

if 语句的一般形式如下。

```
if(表达式) 语句 1
    [ else 语句 2]
```

if 语句的一般形式执行过程：当表达式成立时，执行语句 1；否则执行语句 2。

if 语句中的表达式可以是关系表达式、逻辑表达式，甚至是数值表达式。当表达式成立（结果为真）时，执行语句 1；否则执行语句 2。例如：

```
if (a==b)              //关系表达式
    a++;
else
    a--;
```

当 a 等于 b 时，执行 a 加 1；否则，执行 a 减 1。

```
if(a==b&&x==y)         //逻辑表达式
    printf("a=b,x=y");
else
    printf("a!=b,x!=y");
```

当 a==b，同时 x==y 时，输出"a=b,x=y"；否则，输出"a!=b,x!=y"。

在上面 if 语句的一般形式中，方括号内的部分为可选项。语句 1 和语句 2 可以是一条简单的语句，也可以是一个复合语句（包含两条及两条以上的语句）。如果是复合语句，要用"{}"将所有语句括起来；还可以是另一个 if 语句（即在一个 if 语句中又包括另一个或多个内嵌的 if 语句）。

### 2. if 语句的其他形式

根据 if 语句的一般形式，if 语句可以写成不同的形式，最常用的有以下三种形式。

（1）没有 else 子句部分。

```
if(表达式)
    语句
```

如果表达式的结果为真，则执行语句，否则跳过语句往下执行。例如：

```
if(a>b)
    printf("%d",a);
```

语句执行过程：如果 a>b，则以整型数据形式输出 a；否则，顺序执行下一条语句。

（2）有 else 子句部分。

```
if(表达式)
    语句 1
else
    语句 2
```

如果表达式的结果为真，则执行语句 1；否则执行语句 2。例如：

```
if(a>b)
    printf("%d",a);
else
    printf("%d",b);
```

语句执行过程：如果 a>b，则以整型数据形式输出 a；否则，以整型数据形式输出 b。

（3）在 else 部分又嵌套了多层的 if 语句。

```
if(表达式 1)
    语句 1
else if(表达式 2)
    语句 2
else if(表达式 3)
    语句 3
    :
else if(表达式 n)
    语句 n
else
    语句 n+1
```

这是由 if-else 语句组成的嵌套，用来实现多方向条件分支。使用时应注意 if 和 else 的配对使用，要是少了一个就会出现语法错误。

**注意**：else 总是与最临近的 if 配对使用的。

例如：

```
if (number> 800)
     cost = 1.5;
else if (number>500)
     cost = 1.0;
else if (number>200)
     cost = 0.75;
else if (number>100)
     cost = 0.5;
else
     cost = 0;
```

语句执行过程：如果 number>800，则 cost=1.5；否则，如果 number>500，则 cost=1.0；否则，如果 number>200，则 cost=0.75；否则，如果 number>100，则 cost=0.5；否则，cost=0。

# 3.2  switch 语句及用法

用多个 if 条件语句可以实现多方向条件分支，但是使用过多的 if 条件语句会使条件语句嵌套过多，程序冗长且可读性降低，如多个 if-else 语句组成的嵌套例子。

switch 开关语句是多分支选择语句，使用 switch 语句既能达到处理多分支选择的目的，又可以使程序结构清晰。

switch 语句一般形式如下。

```
switch(表达式)
{
     case 常量表达式 1: 语句 1;
     case 常量表达式 2: 语句 2;
          ⋮
     case 常量表达式 n: 语句 n;
     default: 语句 n+1;
}
```

switch 语句的作用是根据表达式的值，使流程跳转到不同的语句。程序运行时，switch 后面的表达式的值作为条件，与 case 后面的各个常量表达式的值相对比，如果相等，则执行此 case 后面的语句；如果 case 中没有和条件相等的值，就执行 default 后面的语句。其流程图如图 3-3 所示。

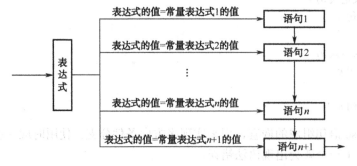

图 3-3  switch 语句（不带 break 语句）流程图

使用说明：

① switch 后面括号内的表达式，其值的类型应为整数类型（包括字符型）。

② 可以没有 default 标号，此时如果没有与 switch 表达式相匹配的 case 常量，则不执行任何语句，流程跳转到 switch 语句的下一个语句。

③ switch 语句在执行完一个 case 后面的语句后，并不会自动跳出 switch，转而会去执行其后面的语句。因此，一般情况下，在执行完一个 case 子句后，应当用 break 语句使流程跳出 switch 结构，即终止 switch 语句的执行。其表达式如下。

```
switch (表达式)
{
    case  常量表达式 1: 语句 1; break;
    case  常量表达式 2: 语句 2; break;
       ⋮
    case  常量表达式 n: 语句 n; break;
    default: 语句 n+1; break;
}
```

其流程图如图 3-4 所示。

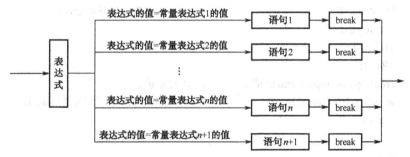

图 3-4  switch 语句（带 break 语句）流程图

例如：

```
switch(grade)
{
    case 'A': printf("90～100\n");break;
    case 'B': printf("80～89\n");break;
    case 'C': printf("70～79\n");break;
    case 'D': printf("60～69\n");break;
    case 'E': printf("<60\n");break;
    default: printf("data error!\n");break;
}
```

上述 switch 语句执行过程：

如果 grade 的内容为 "A"，则显示结果：90～100，程序自动跳出 switch 语句；

如果 grade 的内容为 "B"，则显示结果：80～89，程序自动跳出 switch 语句；

如果 grade 的内容为 "C"，则显示结果：70～79，程序自动跳出 switch 语句；

如果 grade 的内容为 "D"，则显示结果：60～69；程序自动跳出 switch 语句；

如果 grade 的内容为 "E"，则显示结果：<60，程序自动跳出 switch 语句；

如果 grade 的内容是其他数据，则显示结果为 "data error!"，程序自动跳出 switch 语句（即结束 switch 语句）。

# 3.3 任务实现

## 任务 3.1：比较大小

**要求**：找两个整数中的较大数。

**源程序如下：**

```c
/***********************************************************
*@File          chapter 3-1.c
*@Function      找两个整数中的较大数
***********************************************************/
#include <reg51.h>                    //预处理命令
#include <stdio.h>
void main( )                          //定义主函数
{
    int a,b,max;                      //定义整型变量 a、b、max
    SCON=0x52;                        //串行口初始化，打开显示窗口
    TMOD=0x20;
    TH1=0xf3;
    TR1=1;
    printf("please input a and b:\n"); //输出提示信息
    scanf("%d,%d",&a,&b);             //调用 scanf()库函数，输入变量 a、b
    if(a>b)
        max = a;                      //将较大数赋值给 max
    else
        max = b;
    printf("max is %d\n",max);        //调用库函数，输出 max 的值
    while(1);                         //空循环，程序暂停
}
```

程序说明：上面程序段中的 if-else 语句也可以用项目 2 中提到的条件运算符，只需要把 if-else 语句换成如下语句就可以了，读者可以上机试试。

```c
max=(a>b)?a:b;
```

打开 Keil 软件，按上机调试与运行步骤调试运行程序，其运行显示结果如图 3-5 所示。

```
UART #1                                              x
please input a and b:
67,89
max is 89




            Call Stack + Locals   UART #1   Memory 1
```

图 3-5    运行显示结果

## 任务 3.2：两个整数排序

**要求**：输入两个整数，按由小到大的顺序排序。

**编程思路**：两个数排序，只要做一次比较，然后根据情况执行一次交换即可。

**源程序如下**：

```c
/***********************************************************
*@File        chapter 3-2.c
*@Function    输入两个整数，按由小到大的顺序排序
***********************************************************/
#include <reg51.h>                  //预处理命令
#include <stdio.h>
void main()                         //定义主函数
{
    int a,b,t;                      //定义整型变量
    SCON=0x52;                      //串行口初始化，打开显示窗口
    TMOD=0x20;
    TH1=0xf3;
    TR1=1;
    printf("please input a and b :\n");   //输出提示信息
    scanf("%d,%d",&a,&b);           //输入两个整数
    if (a>b)                        //如果前数大于后数，将两个数交换位置
    {
        t=a;
        a=b;
        b=t;
    }
    printf("%d,%d\n",a,b);          //输出排序结果
    while(1);                       //空循环，程序暂停
}
```

打开 Keil 软件，按上机调试与运行步骤调试运行程序，其运行显示结果如图 3-6 所示。

```
UART #1                                          x
please input a and b :
94,38
38,94




Call Stack + Locals   UART #1   Memory 1
```

图 3-6  运行显示结果

## 任务 3.3：三个整数排序

**要求：** 输入三个整数，按由大到小的顺序排序，并找出最大数。

**编程思路：** 有了前面两个整数的排序基础，三个整数的排序就不难实现了。只要将三个整数两两比较就可以了，而最大数就是最前面那个数。

**源程序如下：**

```c
/****************************************************
*@File        chapter 3-3.c
*@Function    输入三个整数，按由大到小的顺序排序，并找出最大数
****************************************************/
#include <reg51.h>                  //预处理命令
#include <stdio.h>
void main( )                        //定义主函数
{
    int a,b,c,t,max;                //定义整型变量
    SCON=0x52;                      //串行口初始化，打开显示窗口
    TMOD=0x20;
    TH1=0xf3;
    TR1=1;
    printf("please input a    b and c:\n");   //输出提示信息
    scanf("%d,%d,%d",&a,&b,&c);     //输入三个整数
    if(a<b)                         //if 语句完成 a、b 交换
    {
        t=a;
        a=b;
        b=t;
    }
    if(a<c)                         //if 语句完成 a、c 交换
    {
        t=a;
        a=c;
        c=t;
    }
    if(b<c)                         //if 语句完成 b、c 交换
    {
        t=b;
        b=c;
        c=t;
    }
    printf("%d,%d,%d\n",a,b,c);     //输出三个整数
    max=a;                          //将最大数赋值给 max
    printf("max=%d\n",max);         //输出最大数
    while(1);                       //空循环，程序暂停
}
```

打开 Keil 软件，按上机调试与运行步骤调试运行程序，其运行显示结果如图 3-7 所示。

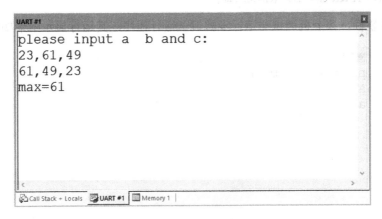

图 3-7　运行显示结果

## 任务 3.4：大、小写字母转换

**要求**：输入一个字符，判别它是否为大写字母，如果是，将它转换成小写字母；如果不是，不转换。输出最后得到的字符。

**源程序如下：**

```c
/***********************************************************
*@File        chapter 3-4.c
*@Function    大小写字母转换
***********************************************************/
#include <reg51.h>                    //预处理命令
#include <stdio.h>
void main( )                          //定义主函数
{
    char ch;                          //定义字符型变量
    SCON=0x52;                        //串行口初始化，打开显示窗口
    TMOD=0x20;
    TH1=0xf3;
    TR1=1;
    printf("please input ch :\n");    //输出提示信息
    scanf(" %c",&ch);                 //输入一个字符
    printf("\n");                     //换行
    if(ch>='A' && ch<='Z')
        ch=(ch+32);                   //if-else 语句
    else
        ch=ch;
    printf("%c\n",ch);                //输出字符
    while(1);                         //空循环，程序暂停
}
```

程序说明：上面程序段中的 if-else 语句也可以用项目 2 中提到的条件运算符，只需要把 if-else 语句换成如下语句就可以了，读者可以上机试试。

```
ch=(ch>='A' && ch<='Z') ? (ch+32) : ch;
```

打开 Keil 软件，按上机调试与运行步骤调试运行程序，其运行显示结果如图 3-8 所示。

```
UART #1                                                      x
please input ch :
A
a




Call Stack + Locals    UART #1   Memory 1
```

图 3-8    运行显示结果

## 任务 3.5：比较大小并进行算术运算

**要求**：输入两个整数 a、b，如果 a<b，则 a、b 两数相加；如果 a>b，则 a、b 两数相减；如果 a=b，则 a、b 两数相除。

**源程序如下：**

```
/***************************************************************
*@File        chapter 3-5.c
*@Function    输入两个整数 a、b，如果 a<b，则 a、b 两数相加；
             如果 a>b，则 a、b 两数相减；如果 a=b，则 a、b 两数相除
***************************************************************/
#include <reg51.h>                    //预处理命令
#include <stdio.h>
void main( )                          //定义主函数
{
    int a, b;                         //定义整型变量 a、b
    SCON = 0x52;                      //串行口初始化，打开显示窗口
    TMOD = 0x20;
    TH1 = 0xf3;
    TR1 = 1;
    printf("please input a and b:\n");  //输出提示信息
    scanf("%d,%d", &a, &b);             //输入变量 a、b
    if (a<b)
        printf("a+b=%d\n",a+b);         //如果 a<b，则 a、b 两数相加
    else if (a>b)
        printf("a-b=%d\n",a-b);         //如果 a>b，则 a、b 两数相减
    else
        printf("a/b=%d\n",a/b);         //如果 a=b，则 a、b 两数相除
    while (1);                          //空循环，程序暂停
}
```

打开 Keil 软件,按上机调试与运行步骤调试运行程序,其运行显示结果如图 3-9 所示。

```
UART #1                                                    x
please input a and b:
95,73
a-b=22



Call Stack + Locals   UART #1   Memory 1
```

图 3-9  运行显示结果

## 任务 3.6:判断星期并显示

**要求:**通过键盘输入一个整型数字,在屏幕上完成星期一(Monday)~星期天(Sunday)的显示。

**源程序如下:**

```c
/*********************************************************************
*@File        chapter 3-6.c
*@Function    通过键盘输入一个整型数字,在屏幕上完成星期一(Monday)~星期天(Sunday)
             的显示
*********************************************************************/
#include<reg51.h>                        //预处理命令
#include<stdio.h>
void   main()                            //定义主函数
{
    int a;                               //定义整型变量
    SCON=0x52;                           //串行口初始化,打开显示窗口
    TMOD=0x20;
    TH1=0xf3;
    TR1=1;
    printf("Please input integer number:\n");   //输出提示信息
    scanf("%d",&a);                      //输入整型数字
    switch(a)                            //根据整型数字输出星期一~星期天
    {
        case 1:printf("Today is Monday\n");break;
        case 2:printf("Today is Tuesday\n");break;
        case 3:printf("Today is Wednesday\n");break;
        case 4:printf("Today is Thursday\n");break;
        case 5:printf("Today is Friday\n");break;
        case 6:printf("Today is Saturday\n");break;
        case 7:printf("Today is Sunday\n");break;
```

```
        default:printf("date error!\n");
    }
    while (1);                          //空循环，程序暂停
}
```

打开 Keil 软件，按上机调试与运行步骤调试运行程序，其运行显示结果如图 3-10 所示。

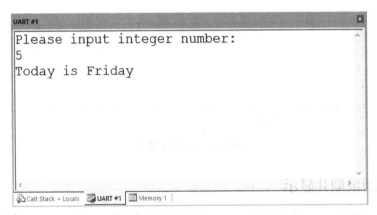

图 3-10　运行显示结果

## 任务 3.7：百分制分数转换为成绩等级

**要求：** 通过键盘输入学生考试成绩，要求输出考试成绩的等级百分制分数段。"A"等为 90～100 分，"B"等为 80～89 分，"C"等为 70～79 分，"D"等为 60～69 分，"E"等为 60 分以下。

**编程思路：** 由于 switch 语句中的表达式其值类型只能是整数（包括字符型），而不能是其他类型（如百分制分数段），所以无法直接用逻辑表达式来描述百分制分数段。可以先通过 if-else 语句将百分制分数段转换成数字，再用数字与百分制分数段对应关系来表示表达式。百分制分数段转换成数字与等级之间的关系如表 3-1 所示。

表 3-1　百分制分数段转换成数字与等级之间的关系

| 百分制分数段（score） | 数字（num） | 等级（grade） |
| --- | --- | --- |
| 90～100 | 1 | A |
| 80～89 | 2 | B |
| 70～79 | 3 | C |
| 60～69 | 4 | D |
| 60 以下 | 5 | E |

**源程序如下：**

```
/*****************************************************************
*@File         chapter 3-7.c
*@Function     学生百分制分数转换为成绩等级
*****************************************************************/
#include <reg51.h>                      //预处理命令
```

```c
#include <stdio.h>
void main()                              //定义主函数
{
    int score,num;                       //定义分数变量为整型
    SCON=0x52;                           //串行口初始化，打开显示窗口
    TMOD=0x20;
    TH1=0xf3;
    TR1=1;
    printf("please input Your score :\n"); //输出提示信息
    scanf("%d",&score);                  //输入分数
    printf("Your grade:");               //输出提示信息
    if(score>=90 && score<=100)
        num=1;                           //百分制分数段转换为数字
    else if(score>=80 && score<=89)
        num=2;
    else if(score>=70 && score<=79)
        num=3;
    else if(score>=60 && score<=69)
        num=4;
    else if(score<60)
        num=5;
    switch(num)                          //根据数字（百分制分数段）得到相应的成绩等级
    {
        case 1: printf("   A\n");break;
        case 2: printf("   B\n");break;
        case 3: printf("   C\n");break;
        case 4: printf("   D\n");break;
        case 5: printf("   E\n");break;
        default:   printf("data error!\n");break;
    }
    while(1);                            //空循环，程序暂停
}
```

打开 Keil 软件，按上机调试与运行步骤调试运行程序，其运行显示结果如图 3-11 所示。

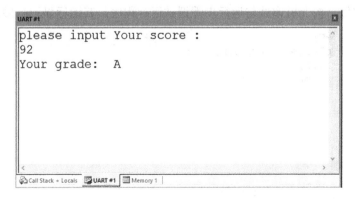

图 3-11　运行显示结果

## 任务 3.8：输入字符并进行算术运算

**要求**：通过键盘输入两个整数和一个算术运算符（"+""-""*""/"），要求按算术运算符进行相应的运算并输出结果。

**源程序如下：**

```
/***********************************************
*@File        chapter 3-8.c
*@Function    输入两个整数，按输入的算术运算符进行运算
***********************************************/
#include <reg51.h>                       //预处理命令
#include <stdio.h>
void main()                              //定义主函数
{
    int a,b;                             //定义整型变量 a、b
    char ch;                             //定义运算符 ch 为字符型变量
    SCON=0x52;                           //串行口初始化，打开显示窗口
    TMOD=0x20;
    TH1=0xf3;
    TR1=1;
    printf("please input a,b,ch :\n");   //输出提示信息
    scanf("%d,%d,%c",&a,&b,&ch);         //输入两个整数和运算符
    printf("\n");
    switch(ch)                           //根据输入的运算符进行相应运算
    {
        case '+': printf("a+b=%d\n",a+b);break;
        case '-': printf("a-b=%d\n",a-b);break;
        case '*': printf("a*b=%d\n",a*b);break;
        case '/':  printf("a/b=%d\n",a/b);break;
        default: printf("information input error!\n");
    }
    while(1);                            //空循环，程序暂停
}
```

打开 Keil 软件，按上机调试与运行步骤调试运行程序，其运行显示结果如图 3-12 所示。

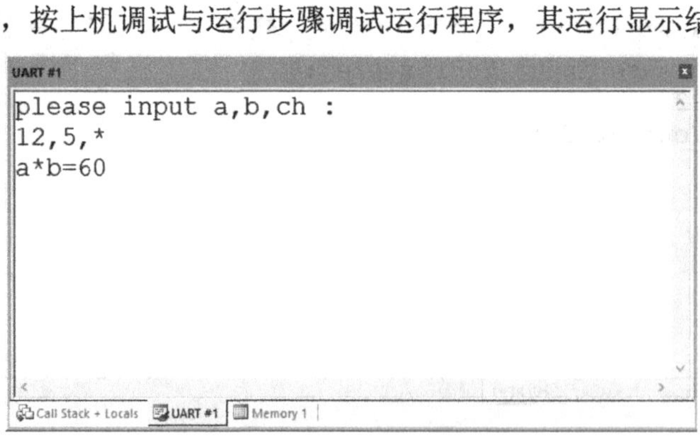

图 3-12　运行显示结果

## 任务 3.9：闰年判断

**要求**：编写一段程序，判断某一年（year）是否为闰年。

（1）采用 if-else 语句嵌套实现闰年判断。

（2）采用逻辑表达式实现闰年判断。

**编程思路**：判断某一年（year）是否为闰年的条件如下。

（1）能被 4 整除，但不能被 100 整除的年份都是闰年。

（2）能被 400 整除的年份是闰年。

不符合以上两个条件的年份不是闰年，可以用下面的表达式来描述上述两个条件。

（1）year%4==0（能被 4 整除），同时，year%100!=0（不能被 100 整除）。

（2）year%400==0 （能被 400 整除）。

**源程序如下：**

（1）采用 if-else 语句嵌套实现闰年判断。

```c
/**********************************************
*@File          chapter 3-9-1.c
*@Function      闰年判断
**********************************************/
#include <reg51.h>                        //预处理命令
#include <stdio.h>
void main()                               //定义主函数
{
    int year,leap;                        //定义整型变量
    SCON=0x52;                            //串行口初始化，打开显示窗口
    TMOD=0x20;
    TH1=0xf3;
    TR1=1;
    printf("please input year:\n");       //输出提示信息
    scanf("%d",&year);                    //输入年份
    if (year%4==0)                        //闰年判断
    {
        if(year%100==0)
        {
            if(year%400==0)
                leap=1;
            else
                leap=0;
        }
        else
        leap=1;
    }
    else
        leap=0;
    if (leap)
        printf("%d is a leap year.\n",year);   //输出结果
```

```
    else
        printf("%d is not a leap year.\n",year);
    while(1);                              //空循环，程序暂停
}
```

打开 Keil 软件，按上机调试与运行步骤调试运行程序，其运行显示结果如图 3-13 所示。

```
UART #1                                                    x
please input year:
2021
2021 is not a leap year.




Call Stack + Locals    UART #1    Memory 1
```

图 3-13　运行显示结果

（2）采用逻辑表达式实现闰年判断。

```
/**********************************************
*@File         chapter 3-9-2.c
*@Function     闰年判断
**********************************************/
#include <reg51.h>                         //预处理命令
#include <stdio.h>
void main()                                //定义主函数
{
    int year;                              //定义整型变量
    SCON=0x52;                             //串行口初始化，打开显示窗口
    TMOD=0x20;
    TH1=0xf3;
    TR1=1;
    printf("please input year:\n");        //输出提示信息
    scanf("%d",&year);                     //输入年份
    if((year%4==0&&year%100!=0)||(year%400==0))  //闰年判断
        printf("%d is a leap year.\n",year);     //输出结果
    else
        printf("%d is not a leap year.\n",year);
    while (1);                             //空循环，程序暂停
}
```

打开 Keil 软件，按上机调试与运行步骤调试运行程序，其运行显示结果如图 3-14 所示。

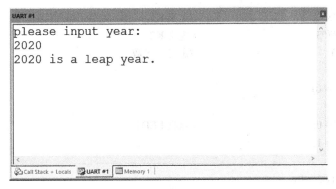

图 3-14　运行显示结果

# 3.4　工 程 应 用

## 工程应用 3.1：使用开关控制两个发光二极管点亮

### 1. 任务描述

通过项目 2 中的工程应用，点亮了发光二极管，现要求用 C 语言编程，采用 C 语言工程应用仿真实验板做硬件平台，使用两个开关分别控制两个发光二极管点亮，控制要求如下。

（1）上电，开关未动作时，两个发光二极管均不亮。

（2）当开关 K1 接通时，第一个发光二极管 LED1 点亮。

（3）当开关 K2 接通时，第二个发光二极管 LED2 点亮。

### 2. 编写 C 程序

（1）编程思路：根据项目控制要求，可以使用 C 语言工程应用仿真实验板上的 P1 端口的两个引脚来控制发光二极管，用 P3 端口的两个引脚来控制开关。

① P1 端口的 P1.0 控制第一个发光二极管 LED1 点亮，P1.1 控制第二个发光二极管 LED2 点亮。P1 端口输出低电平时，发光二极管亮；输出高电平时，发光二极管灭。

② P3 端口的 P3.2 控制开关 K1，P3.3 控制开关 K2。当上电且开关未动作时，第一个发光二极管 LED1 和第二个发光二极管 LED2 均不亮；当 K1 被按下（P3.2 引脚输入低电平）时，第一个发光二极管 LED1 点亮；当 K2 被按下（P3.3 引脚输入低电平）时，第二个发光二极管 LED2 点亮。

③ 本任务采用 if-else 语句嵌套实现。

（2）源程序如下。

```
/******************************************************
*@File        chapter 3-10.c
*@Function    使用开关控制两个发光二极管点亮
******************************************************/
#include <reg51.h>
sbit LED1 = P1 ^ 0;              //定义 LED1
sbit LED2 = P1 ^ 1;              //定义 LED2
```

```
sbit K1 = P3^2;                    //定义 K1
sbit K2 = P3^3;                    //定义 K2
void main()                        //定义主函数
{
    if (K1==0)
    {
    LED1 = 0;                      //点亮 LED1
    LED2 = 1;
    }
    else if(K2==0)
    {
    LED2 = 0;                      //点亮 LED2
    LED1 = 1;
    }
    else
    {
        LED1 = 1;                  //两灯均灭
        LED2 = 1;
    }
}
```

### 3. 上机调试与仿真

（1）打开 Keil 软件，建立工程。

（2）输入源程序，使源程序编译连接正确。

（3）打开 C 语言工程应用仿真实验板，设置联调。

（4）单击 Keil 软件中的"Debug"按钮，使 Proteus 进入调试状态。

（5）采用单步（Step）或连续（Run）执行键运行程序，其仿真结果如图 3-15 所示。

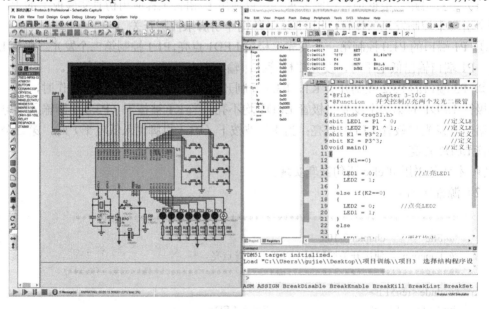

图 3-15　仿真结果

## 工程应用3.2：自动泊车系统显示

### 1. 任务描述

有一个自动泊车系统，内设 6 个停车位，停车场门口设有一个控制装置。要求停车场中的控制装置能通过键盘设定一个空车位，同时点亮对应空车位的 LED 灯。

### 2. 编写C程序

（1）编程思路：根据项目控制要求，可以使用 C 语言工程应用仿真实验板上的 P1 端口的 P1.0～P1.5 引脚，控制 6 个 LED 灯作为空车位的显示灯，用 P3 端口所接按键作为空车位的输入控制。有两种编程方式。

① 方式一，判断 P3 端口接的按键是否被按下，若被按下，则对应 P1 端口所接的一个发光二极管点亮，否则熄灭。例如：P3.2 端口所接按键被按下，P1.0 控制第一个发光二极管 LED1 点亮。P1 端口输出低电平时，发光二极管亮；输出高电平时，发光二极管灭。该方式采用 if-else 语句嵌套实现。

② 方式二，用 P1 端口的 P1.0～P1.5 控制 6 个发光二极管，P3 端口的 P3.2 控制开关 K1，设置一个计数变量 num，K1 被按下一次，num 的值累加一次，通过判断 num 的累加值实现发光二极管的点亮控制，num 的累加值从 1 到 6 对应着第 1 到第 6 个发光二极管的点亮。P1 端口输出低电平时，发光二极管亮；输出高电平时，发光二极管灭。该方式采用 switch 语句嵌套实现。

（2）源程序如下。

① 方式一。

```
/***********************************************************
*@File        chapter 3-11-1.c
*@Function    自动泊车系统显示
***********************************************************/
#include <reg51.h>              //预处理命令
sbit LED1 = P1 ^ 0;
sbit LED2 = P1 ^ 1;
sbit LED3 = P1 ^ 2;
sbit LED4 = P1 ^ 3;
sbit LED5 = P1 ^ 4;
sbit LED6 = P1 ^ 5;
sbit K1 = P3 ^ 2;
sbit K2 = P3 ^ 3;
sbit K3 = P3 ^ 4;
sbit K4 = P3 ^ 5;
sbit K5 = P3 ^ 6;
sbit K6 = P3 ^ 7;
void main()                     //定义主函数
{
```

```
        while (1)                        //大循环
        {
            if (K1 == 0)                 //1 号键按下
                LED1 = 0;
            else if (K2 == 0)            //2 号键按下
                LED2 = 0;
            else if (K3 == 0)            //3 号键按下
                LED3 = 0;
            else if (K4 == 0)            //4 号键按下
                LED4 = 0;
            else if (K5 == 0)            //5 号键按下
                LED5 = 0;
            else if (K6 == 0)            //6 号键按下
                LED6 = 0;
            else                         //无键按下，所有灯全灭
            {
                LED1 = 1;
                LED2 = 1;
                LED3 = 1;
                LED4 = 1;
                LED5 = 1;
                LED6 = 1;
            }
        }
    }
```

② 方式二。

```
/*********************************************************************
*@File        chapter 3-11-2.c
*@Function    自动泊车系统显示
**********************************************************************/
#include<reg51.h>                        //预处理命令
#define uint unsigned int
sbit Key = P3 ^ 2;                       //定义按键
uint num;                                //定义按键次数
void main()                              //定义主函数
{
    while (1)                            //大循环
    {
        if(Key == 0)
        {
            num++;
            if (num == 7)
```

```
            num = 0;              //num 归 0 再次循环
            while (Key == 0);   //等待按键松开完成一次有效动作，相当于 while(!Key);
        }
        switch (num)
        {
            case 1:P1=0xfe;break;      //1 号车位亮灯
            case 2:P1=0xfd;break;      //2 号车位亮灯
            case 3:P1=0xfb;break;      //3 号车位亮灯
            case 4:P1=0xf7;break;      //4 号车位亮灯
            case 5:P1=0xef;break;      //5 号车位亮灯
            case 6:P1=0xdf;break;      //6 号车位亮灯
            default:P1=0xff;           //全灭
        }
    }
}
```

### 3. 上机调试与仿真

（1）打开 Keil 软件，建立工程。

（2）输入源程序，使源程序编译连接正确。

（3）打开 C 语言工程应用仿真实验板，设置联调。

（4）单击 Keil 软件中的"Debug"按钮，使 Proteus 进入调试状态。

（5）采用单步（Step）或连续（Run）执行键运行程序，其仿真结果如图 3-16 所示。

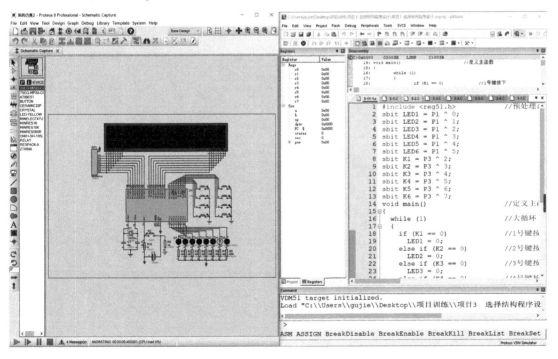

图 3-16  仿真结果

归纳与总结

选择结构是程序设计中经常要用到的一种程序结构，需要读者熟练掌握 if 语句和 switch 语句的结构形式和控制过程，能熟练运用这两种语句进行选择结构程序设计。在本项目的最后，通过用 C 语言编程实现使用开关控制两个发光二极管点亮和自动泊车系统显示，进一步认识了选择结构在工程中的实际应用。

练习题

1. 请上机调试，完成本项目任务 3.1～任务 3.9。

2. 编写一个 C 程序，要求通过键盘输入四个整数，将它们按由小到大的顺序排序。

3. 编写一个 C 程序，要求通过键盘输入五个整数，将它们按由大到小的顺序排序，并找出其中的最大数和最小数。

4. 编写一个 C 程序，通过键盘输入学生考试成绩等级，根据输入的学生考试成绩等级输出相应的百分制分数段。"A"等为 90～100 分，"B"等为 80～89 分，"C"等为 70～79 分，"D"等为 60～69 分，"E"等为 60 分以下。

# 项目 4   循环结构程序设计

**教学目的**

● 熟练掌握三种循环语句——while 语句、do-while 语句、for 语句及用法；

● 熟练掌握 break 语句、continue 语句及用法；

● 熟练掌握循环嵌套的用法；

● 熟练掌握循环结构程序设计方法。

**重点与难点**

● while、do-while、for 语句及用法；

● while(1){}、for(;;){}无限循环语句的用法；

● break、continue 语句及用法；

● while、for 循环嵌套的用法；

● 循环结构程序设计方法。

 项目任务

任务 4.1：用循环语句求和

任务 4.2：用循环语句排序

任务 4.3：用循环语句进行大、小写字母转换

任务 4.4：输出被 5 整除的数

任务 4.5：素数判断

任务 4.6：用循环语句进行闰年判断

任务 4.7：输出矩阵

 相关知识

在一个实用的程序中，循环结构是必不可少的。循环是反复执行某一部分程序行的操作。C 语言中的循环结构有两类。

（1）当型循环（while 语句）：当给定的条件成立时，执行循环体部分，执行完毕回来再次判断条件，如果条件满足就继续循环，否则退出循环。其流程图如图 4-1 所示。

（2）直到型循环（do-while 语句）：先执行循环体，然后判断给定的条件，只要条件成立就继续循环，直到判断出给定的条件不成立时退出循环。其流程图如图 4-2 所示。

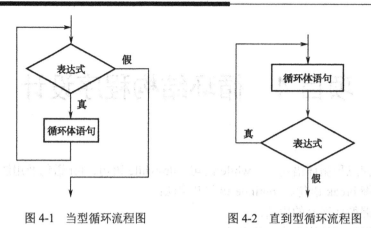

图 4-1　当型循环流程图　　　　图 4-2　直到型循环流程图

# 4.1　while 语句及用法

while 语句的作用是实现当型循环结构，其一般形式如下：

```
while(表达式)
{
    循环体语句;
}
```

当表达式结果为非 0 值（真）时，就执行 while 语句中的循环体语句。其特点：先判断表达式，后执行语句。例如：

```
while (i<=10)
{
    sum=sum+i;
    i++;
}
```

当 i<=10 条件满足时，执行后面的语句，否则就跳过 while 语句往后执行下一条语句。再例如：

```
while(1)
{
    …
}
```

在上面的例子中，表达式使用了一个常数 1，这是一个非零值，即"真"，条件总是满足的，花括号里的语句总会被执行，构成了自动控制过程中经常用到的无限循环结构。

还可以是下面的形式：

```
i=3;
while(i--)
{
    …
}
```

程序段执行 3 次，当 i-1=0 时，程序跳出 while 循环，执行 while 循环的下一条语句。

# 4.2 do-while 语句

do-while 语句的作用是实现直到型循环，特点是先执行循环体语句，然后判断循环条件是否成立。其一般形式如下：

```
do
{
    循环体语句
}
while(表达式);
```

对同一个问题，既可以用 while 语句处理，也可以用 do-while 语句处理，但是这两个语句是有区别的。例如：

```
do
{
    sum=sum+i;
    i++;
}
while(i<=10);
```

与上面的 while 语句不同，do-while 语句是先执行循环体语句，后判断条件，当 i<=10 条件满足时，再执行循环体语句。

# 4.3 for 语句及用法

C 语言中的 for 语句使用最为灵活，不仅可以用于循环次数已经确定的情况，而且可以用于循环次数不确定而只给出循环结束条件的情况。for 语句的一般形式如下：

```
for（表达式 1;表达式 2;表达式 3）
{
    循环体语句;
}
```

其执行流程图如图 4-3 所示。
例如：

```
for(i=1;i<=100;i++)
    sum=sum+i;
```

执行过程如下。

（1）先求解表达式 1，i=1。

（2）再求解表达式 2，判断 i 是否小于等于 100，其值为真，则执行 for 语句中指定的内嵌语句（sum=sum+i;），然后执行第（3）步；如果为假，则结束循环。

（3）最后求解表达式 3，i 值加 1。

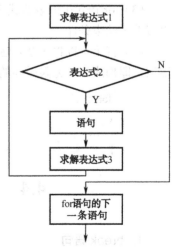

图 4-3 for 语句执行流程图

（4）转回上面的第（2）步，再一次判断 i<=100 条件是否成立。重复上述过程。

for 语句的典型应用是这样一种形式：

```
for(循环变量初值;循环条件;循环变量增值)
{
    循环体语句;
}
```

例如：

```
for(j=0;j<125;j++)
{
    ;
}
```

执行程序时，首先执行 j=0，然后判断 j 是否小于 125，如果小于 125 则去执行循环体（这里循环体没有做任何工作），然后执行 j++，执行完后再去判断 j 是否小于 125。如此不断循环，直到条件不满足为止。

也可以用 while 语句来改写，如下所示：

```
j=0;
while(j<125)
{
    j++;
}
```

可见，与 while 语句相比，用 for 语句更简单、更方便。

使用 for 语句时应注意以下几点。

（1）for 语句中的表达式 1 可以省略，但后面的分号不能省略。

（2）for 语句中的表达式 2 也可以省略，即不设置循环条件，此时循环无终止地进行下去，也就是认为表达式 2 始终为真，程序进入无限循环状态，简称大循环。

（3）for 语句中的表达式 3 也可以省略，但要设法保证循环能正常结束，即在另外的地方设置循环结束条件。

（4）甚至可以将 3 个表达式都省略，即形成 for(;;){}的形式，它的作用相当于 while(1){}语句，即构成一个无限循环的过程。其形式如下：

```
for(;;)
{
    ...
}
```

# 4.4 break、continue 语句及用法

## 1. break 语句

在一个循环程序中，可以通过循环语句中的表达式来控制循环程序是否结束，除此之外，还可以通过 break 语句强行退出循环结构。break 语句的一般形式如下：

```
        break;
```

其作用是使流程跳到循环体之外，接着执行循环体后面的语句。

**注意**：break 语句只能用于循环语句和 switch 语句之中，而不能单独使用。

### 2. continue 语句

continue 语句的用途是结束本次循环，即跳过循环体中下面的语句，接着进行下一次是否执行循环的判定。continue 语句的一般形式如下：

```
        continue;
```

### 3. continue 语句与 break 语句的区别

（1）continue 语句只结束本次循环，而不是终止整个循环的执行。

（2）break 语句则结束整个循环过程，不会再去判断循环条件是否满足。

## 4.5 循环的嵌套

如果一个循环体内又包含另一个完整的循环结构，则称为循环的嵌套。内嵌的循环中还可以嵌套循环，这就是多层循环。C 语言中的三种循环语句可以相互嵌套。

（1）用两重 for 语句构成两级循环嵌套延时函数。例如：

```
void delayms(uint xms)              //延时函数
{
    uint i,j;
    for(i=xms;i>0;i--)
        for(j=110;j>0;j--);
}
```

（2）用 while 语句和 for 语句的形式构成两级循环嵌套延时函数。例如：

```
void delayms(uint16 ms)             //延时函数
{
    uint8 iiy;
    while(ms--)
    {
        for(iiy = Null;iiy < 125;iiy++);
    }
}
```

或者写成如下形式：

```
/*延时子程序*/
void mdelay(uint delay)
{
    uint i;
    for(;delay>0;delay--)
    {
```

```
        for(i=0;i<62;i++)          //1ms 延时
        {;}
      }
    }
```

## 4.6  任 务 实 现

### 任务 4.1：用循环语句求和

**要求**：求 1+2+3+…+50。

（1）采用 while 循环语句实现。

（2）采用 do-while 循环语句实现。

（3）采用 for 循环语句实现。

**源程序如下：**

（1）采用 while 循环语句实现。

```
/****************************************************************
*@File        chapter 4-1-1.c
*@Function    1+2+3+…+50
*****************************************************************/
#include <stdio.h>              //预处理命令
#include <reg51.h>
void main()                     //定义主函数
{
    int i=1,sum=0;              //定义变量 i 和 sum，并赋初值
    SCON=0x52;                  //串行口初始化，打开显示窗口
    TMOD=0x20;
    TH1=0xf3;
    TR1=1;
    while(i<=50)                //当 i<=50 的值为真时执行循环体
    {
        sum=sum+i;              //进行累加
        i++;                    //i 值加 1
    }
    printf("sum=%d\n",sum);     //输出累加和
    while(1);                   //空循环，程序暂停
}
```

（2）采用 do-while 循环语句实现。

```
/****************************************************************
*@File        chapter 4-1-2.c
*@Function    1+2+3+…+50
*****************************************************************/
#include <stdio.h>              //预处理命令
#include <reg51.h>
```

```
void main()                         //定义主函数
{
    int i=1,sum=0;                  //定义变量 i 和 sum, 并赋初值
    SCON=0x52;                      //串行口初始化, 打开显示窗口
    TMOD=0x20;
    TH1=0xf3;
    TR1=1;
    do                              //进入 do-while 循环语句
    {
        sum=sum+i;                  //进行累加
        i++;                        //i 值加 1
    }
    while(i<=50);                   //当 i <= 50 的值为真时执行循环体
    printf("sum=%d\n",sum);         //输出累加和
    while(1);                       //空循环, 程序暂停
}
```

（3）采用 for 循环语句实现。

```
/*******************************************************************
*@File        chapter 4-1-3.c
*@Function    1+2+3+…+50
*******************************************************************/
#include <stdio.h>               //预处理命令
#include <reg51.h>
void main()                      //定义主函数
{
    int i,sum=0;                 //定义变量 i 和 sum, 并赋初值
    SCON=0x52;                   //串行口初始化, 打开显示窗口
    TMOD=0x20;
    TH1=0xf3;
    TR1=1;
    for(i=1;i<=50;i++)           //进入 for 循环
        sum=sum+i;               //进行累加
    printf("sum=%d\n",sum);      //输出累加和
    while(1);                    //空循环, 程序暂停
}
```

打开 Keil 软件, 按上机调试与运行步骤调试运行程序, 其运行显示结果如图 4-4 所示。

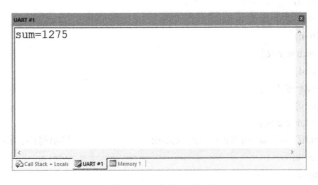

图 4-4　运行显示结果

## 任务 4.2：用循环语句排序

**要求：** 输入五个整数，按由小到大的顺序排序，并找出其中的最大数和最小数。要求用 for 循环语句使程序能连续排序三次。

**源程序如下：**

```
/*********************************************************************
*@File        chapter 4-2.c
*@Function    输入五个整数，按由小到大的顺序输出，并找出最大数和最小数，
             要求连续排序三次
*********************************************************************/
#include<reg51.h>                              //预处理命令
#include<stdio.h>
void main()                                    //定义主函数
{
    int a,b,c,d,e,t,max,min,num;               //定义变量
    SCON=0x52;                                 //串行口初始化，打开显示窗口
    TMOD=0x20;
    TH1=0xf3;
    TR1=1;
    for(num=0;num<3;num++)                     //进入 for 循环控制排序次数
    {
        printf("please input a ,b,c,d and e :\n");   //输出提示信息
        scanf("%d,%d,%d,%d,%d",&a,&b,&c,&d,&e);      //输入五个整数
        printf("\n");
        if(a>b)                                //进行排序判断
        {t=a;a=b;b=t;}
        if(a>c)
        {t=a;a=c;c=t;}
        if(a>d)
        {t=a;a=d;d=t;}
        if(a>e)
        {t=a;a=e;e=t;}
        if(b>c)
        {t=b;b=c;c=t;}
        if(b>d)
        {t=b;b=d;d=t;}
        if(b>e)
        {t=b;b=e;e=t;}
        if(c>d)
        {t=c;c=d;d=t;}
        if(d>e)
        {t=d;d=e;e=t;}
        printf("%d,%d,%d,%d,%d",a,b,c,d,e);    //输出排序结果
        max=e;
        min=a;
        printf("   max=%d,min=%d\n",max,min);  //输出最大数与最小数
```

```
    }
    while(1);                                    //空循环，程序暂停
}
```

打开 Keil 软件，按上机调试与运行步骤调试运行程序，其运行显示结果如图 4-5 所示。

```
UART #1                                                              ×
please input a ,b,c,d and e :
4,6,1,7,9

1,4,6,7,9  max=9,min=1
please input a ,b,c,d and e :
25,68,47,13,59

13,25,47,59,68  max=68,min=13
please input a ,b,c,d and e :
11,64,28,54,34

11,28,54,34,64  max=64,min=11

Call Stack + Locals    UART #1    Memory 1    Memory 4
```

图 4-5　运行显示结果

## 任务 4.3：用循环语句进行大、小写字母转换

**要求**：编写一段程序，完成大、小写字母转换，要求用 while(1){}语句使程序进入无限循环转换。

**源程序如下**：

```
/********************************************************************
*@File         chapter 4-3.c
*@Function     大、小写字母转换，要求程序能无限循环转换
********************************************************************/
#include <reg51.h>                               //预处理命令
#include <stdio.h>
void main( )                                     //定义主函数
{
    char ch;                                     //定义变量
    SCON=0x52;                                   //串行口初始化，打开显示窗口
    TMOD=0x20;
    TH1=0xf3;
    TR1=1;
    while(1)                                      //进入无限循环
    {
        printf("please input ch :\n");           //输出提示信息
        scanf(" %c",&ch);                        //输入字符
        printf("\n");                            //换行
```

```
        ch=(ch>='A' && ch<='Z') ? (ch+32) : ch;        //条件表达式
        printf("%c\n",ch);                              //输出转换结果
    }
}
```

打开 Keil 软件，按上机调试与运行步骤调试运行程序，其运行显示结果如图 4-6 所示。

```
UART #1                                                        X
please input ch :
A
a
please input ch :
B
b
please input ch :

Call Stack + Locals  | Memory 4  | Memory 1  | UART #1
```

图 4-6  运行显示结果

## 任务 4.4：输出被 5 整除的数

**要求**：在屏幕上输出 100～200 中能被 5 整除的数，要求每行输出 5 个数。

**编程思路**：

（1）对 100～200 中的每个整数进行检查。

（2）如果能被 5 整除，则输出；否则，不输出。

（3）无论是否输出此数，都要接着检查下一个数（到 200 为止）。

**源程序如下**：

```
/********************************************************************
*@File         chapter 4-4.c
*@Function     输出 100～200 中能被 5 整除的数，要求每行输出 5 个数
********************************************************************/
#include <reg51.h>                      //预处理命令
#include <stdio.h>
void main( )                            //定义主函数
{
    int n,num;                          //定义变量
    SCON=0x52;                          //串行口初始化，打开显示窗口
    TMOD=0x20;
    TH1=0xf3;
    TR1=1;
    for(n=100;n<=200;n++)
    {
        if (n%5!=0)
            continue;                   //n 不能被 5 整除，则结束本次循环
        printf("%d  ",n);               //输出 n
```

```
            num++;                          //输出个数加 1
            if(num%5==0)
                printf("\n");               //输出个数满 5，换行
        }
        while(1);                           //空循环，程序暂停
    }
```

打开 Keil 软件，按上机调试与运行步骤调试运行程序，其运行显示结果如图 4-7 所示。

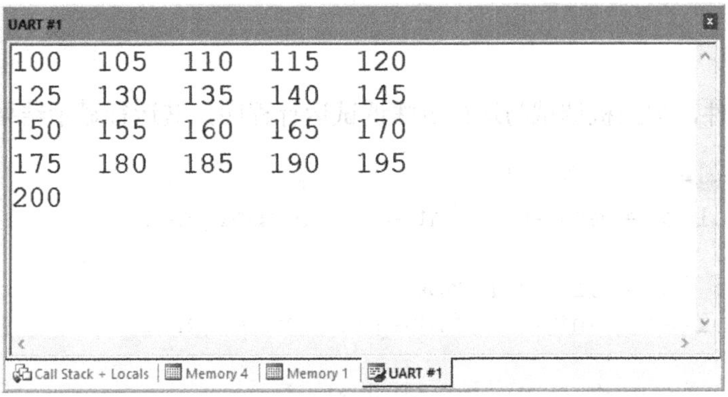

```
UART #1                                                         [×]
100     105     110     115     120
125     130     135     140     145
150     155     160     165     170
175     180     185     190     195
200

<                                                              >
```
Call Stack + Locals  |  Memory 4  |  Memory 1  |  UART #1

图 4-7   运行显示结果

## 任务 4.5：素数判断

**要求**：输入大于 3 的整数，判断它是否为素数。要求用 for(;;){}语句使程序进入无限循环判断。

**编程思路**：使 n 被 i 除（i 的值为 2～（n-1）），如果 n 能被 2～（n-1）中的任意一个整数整除，则表示 n 不是素数，不用再往下继续被后面的整数除了，提前结束循环。此时，i 的值必须小于 n。如果 n 只能被自身整除，则表示 n 是素数。

**源程序如下：**

```
/*******************************************************************
*@File        chapter 4-5.c
*@Function    素数判断
********************************************************************/
#include <reg51.h>                         //预处理命令
#include <stdio.h>
void main()                                //定义主函数
{
    int n,i,num=0;                         //定义变量
    SCON=0x52;                             //串行口初始化，打开显示窗口
    TMOD=0x20;
    TH1=0xf3;
    TR1=1;
    for(;;)                                //进入无限循环
    {
        printf("please enter a integer number,n=?\n");
```

```
        scanf("%d",&n);
        for (i=2;i<=n-1;i++)                    //for 循环 2～（n-1）
            if(n%i==0)          //n 能被 2～（n-1）中的一个数整除，则提前结束 for 循环
                break;
        if(i<n)
            printf("%d is not a prime number.\n",n);   //i<n，循环结束后检查 i
        else
            printf("%d is a prime number.\n",n);        //i=n，n 只能被自身整除，则是素数
    }
}
```

打开 Keil 软件，按上机调试与运行步骤调试运行程序，其运行显示结果如图 4-8 所示。

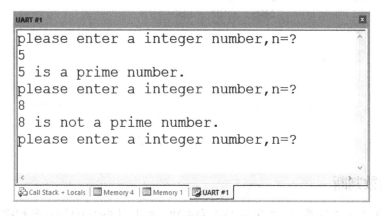

图 4-8　运行显示结果

## 任务 4.6：用循环语句进行闰年判断

**要求：**编写一段程序，判断某一年是否为闰年。要求用 for(;;){}语句使程序进入无限循环判断，若遇到 2017 年，则终止循环。

**源程序如下：**

```
/*****************************************************************
*@File        chapter 4-6.c
*@Function    闰年判断
*****************************************************************/
#include <reg51.h>                          //预处理命令
#include <stdio.h>
void main()                                  //定义主函数
{
    int year;                                //定义变量
    SCON=0x52;                               //串行口初始化，打开显示窗口
    TMOD=0x20;
    TH1=0xf3;
    TR1=1;
    for(;;)                                  //大循环，等价于 while(1){}语句
    {
```

```
        printf("please input year:\n");                //输出提示信息
        scanf("%d",&year);                             //输入年份
        if((year%4==0 && year%100!=0) || (year%400==0))    //判断是否为闰年
            printf("%d is a leap year.\n",year);       //输出结果
        else
            printf("%d is not a leap year.\n",year);
        if(year==2017)
            break;                                     //遇 2017 年终止循环
    }
    while (1);
}
```

打开 Keil 软件，按上机调试与运行步骤调试运行程序，其运行显示结果如图 4-9 所示。

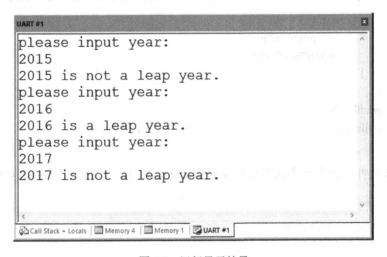

图 4-9 运行显示结果

## 任务 4.7：输出矩阵

**要求：** 输出以下 3×3 的矩阵。

```
1    2    3
2    4    6
3    6    9
```

**编程思路：**

（1）可以用循环的嵌套来处理此问题。

（2）用外循环来输出一行数据。

（3）用内循环来输出一列数据。

（4）按矩阵的格式（每行 3 个数据）输出。

**源程序如下：**

```
/*******************************************************************
*@File        chapter 4-7.c
*@Function    输出 3×3 的矩阵
*******************************************************************/
```

```
#include <reg51.h>                          //预处理命令
#include <stdio.h>
void main()                                 //定义主函数
{
    int i, j, n = 0;                        //定义变量
    SCON=0x52;                              //串行口初始化，打开显示窗口
    TMOD=0x20;
    TH1=0xf3;
    TR1=1;
    for (i = 1; i <= 3; i++)                //外循环控制行数
    {
        for (j = 1; j <= 3; j++, n++)       //内循环控制列数
        {
            if (n % 3 == 0)
                printf("\n");
            printf("%d\t", i*j);
        }
    }
    printf("\n");
    while (1);                              //空循环，程序暂停
}
```

打开 Keil 软件，按上机调试与运行步骤调试运行程序，其运行显示结果如图 4-10 所示。

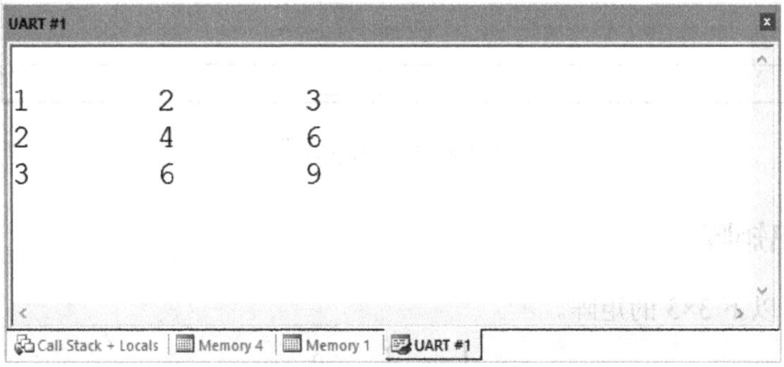

UART #1

| 1 | 2 | 3 |
| 2 | 4 | 6 |
| 3 | 6 | 9 |

Call Stack + Locals    Memory 4    Memory 1    UART #1

图 4-10　运行显示结果

# 4.7　工程应用——LED 灯闪烁

## 1. 任务描述

在前面的项目应用中，已经实现了点亮一个或多个发光二极管，但在实际应用中，信号灯、汽车转弯灯、霓虹灯等通常要求按照闪烁方式点亮，即 LED 灯按一定的速度亮、灭、亮、灭……不断交替进行动作。

现要求用 C 语言编程，采用键盘、C 语言工程应用仿真实验板，在项目 2 的基础上，让一个 LED 灯闪烁起来。

## 2. 编写 C 程序

**编程思路：** LED 灯闪烁实际上就是 LED 灯亮、灭交替的过程。这是因为 CPU 运行一条指令的时间非常短，在人的眼睛还没有分辨出 LED 灯的亮、灭状态时，CPU 又将执行下一条指令，这样人眼看起来就是闪烁的效果。

一种理想的情况是让闪烁速度慢下来，让人眼分辨清楚后，再做下一个动作。一种简单而行之有效的方法是，在程序中让 CPU 执行一段与 LED 灯亮、灭毫不相干的指令，其目的只是拖延时间，让 LED 灯亮、灭的时间能够延长，最终让人的眼睛能看清楚 LED 灯的亮状态和灭状态。

常用的方法是采用循环语句及循环嵌套方式完成。以下几种循环嵌套方式均可以实现延时要求。

方法 1：for-for 循环嵌套。

```
{
    int i,j;                    //定义变量
    for (i=5000;i>0;i--)        //二重 for 循环延时
        for(j=110;j>0;j--);
}
```

方法 2：while-for 循环嵌套。

```
{
    int n=1000,j;               //定义变量
    while(n--)                  //while-for 循环延时
        for (j=110;j>0;j--);
}
```

方法 3：循环语句中嵌套延时函数。

```
{
    int i;                      //定义变量
    for (i=5000;i>0;i--)        //for 循环里嵌套 nop()延时函数
    {
        _nop_();                //延时 1μs
        _nop_();
        _nop_();
    }
}
```

在本任务中，使用 P1 端口的 P1.4 来控制单个发光二极管 LED1 的闪烁。

**源程序如下：**

```
/************************************************************
*@File        chapter 4-8.c
*@Function    单灯闪烁
*************************************************************/
#include <reg51.h>                  //预处理命令
sbit LED1 = P1 ^ 4;                 //定义 LED1
void main()                         //定义主函数
```

```
{
    int i, j;                           //定义变量
    while (1)                           //大循环
    {
        LED1 = 0;                       //LED1 亮
        for (i = 1000; i>0; i--)        //二重 for 循环延时
            for (j = 110; j>0; j--);
        LED1 = 1;                       //LED1 灭
        for (i = 1000; i>0; i--)        //二重 for 循环延时
            for (j = 110; j>0; j--);
    }
}
```

### 3. 上机调试与仿真

（1）打开 Keil 软件，建立工程。

（2）输入源程序，使源程序编译连接正确。

（3）打开 C 语言工程应用仿真实验板，设置联调。

（4）单击 Keil 软件中的"Debug"按钮，使 Proteus 进入调试状态。

（5）采用单步（Step）或连续（Run）执行键运行程序，其仿真结果如图 4-11 所示。

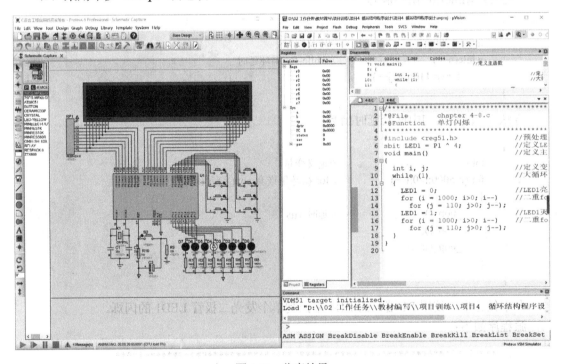

图 4-11   仿真结果

 归纳与总结

循环结构是程序设计中非常重要的程序结构，需要读者熟练掌握 while 语句、do-while

语句、for 语句的结构形式及控制过程，能熟练运用这三种循环语句进行循环结构程序设计。在本项目的最后，通过用 C 语言编程实现 LED 灯闪烁，使读者进一步认识了循环结构在工程中的实际应用。

 练习题

1. 请上机调试，完成本项目任务 4.1～任务 4.7。

2. 编写一个 C 程序，在屏幕上重复三次输出以下图案。

```
        *
      *   *
    *       *
      *   *
        *
```

（1）采用 while 循环语句实现。

（2）采用 do-while 循环语句实现。

（3）采用 for 循环语句实现。

（4）采用 while(1)-break 循环控制语句实现。

3. 请用 C 语言编程，利用 C 语言工程应用仿真实验板，实现 8 个发光二极管同时亮、灭闪烁，要求程序能进入无限循环。

# 项目 5　数组及应用

**教学目的**

- 熟练掌握一维数组的定义及应用；
- 熟练掌握二维数组的定义及应用；
- 熟练掌握字符数组的定义及应用；
- 学会使用数组批量处理数据。

**重点和难点**

- 一维数组的定义及应用；
- 二维数组的定义及应用；
- 字符数组的定义及应用。

 项目任务

任务 5.1：冒泡法排序

任务 5.2：定义矩阵找最大数

任务 5.3：输出字符串

任务 5.4：输出菱形图案

 相关知识

## 5.1　一维数组及应用

在程序设计中，为了处理方便，可以把具有相同类型的若干数据按有序的形式组织起来。这些按序排列的同类数据元素的集合称为数组。数组必须由具有相同数据类型的元素构成，这些数据的类型就是数组的基本类型，如数组中的所有元素都是整型，则该数组称为整型数组；如所有元素都是字符型，则该数组称为字符型数组。

### 1. 一维数组定义

数组又分为一维数组、二维数组和多维数组。数组必须先定义、后使用。定义一维数组的一般形式为

类型符　数组名[常量表达式];

类型符是任一种基本数据类型，数组名是用户定义的数组标识符，遵循标识符的命名规则，方括号中的常量表达式表示数据元素的个数。例如：

    int a[10];  //定义一维数组

表示定义了一个整型一维数组，数组名为 a，此数组有 10 个整型元素。

定义好数组后，可以通过数组名[常量表达式] 来使用数组元素，如上面的一维数组中的 10 个元素是 a[0]、a[1]、a[2]、a[3]、a[4]、a[5]、a[6]、a[7]、a[8]、a[9]。

**注意：**数组中的元素下标从 0 开始，不是从 1 开始。

### 2. 一维数组初始化

在定义一维数组的同时，可以对数组元素进行初始化，即给其赋予初值，可以用以下的几种方法实现。

（1）在定义数组时，对数组的全部元素赋予初值，例如：

    int a[5]={-9,12,74,35,69};

上面数组中的 5 个元素分别是 a[0]=-9、a[1]=12、a[2]=74、a[3]=35、a[4]=69。此时，由于数据的个数已经确定，因此可以不指定数组长度。上面的数组可以改写成如下形式：

    int a[]={-9,12.74,35,69};

（2）只对数组的部分元素初始化，例如：

    int a[5]={-9,12};

上面定义的 a 数组共有 5 个元素，但只对前两个元素赋了初值，因此 a[0]和 a[1]的值是 -9、12，而后面 3 个元素的值全是 0。

（3）在定义数组时，对数组的全部元素不赋初值，则数组元素值均被初始化为 0。

## 5.2　二维数组及应用

二维数组又称矩阵形式，即写成行和列的排列形式，有两个下标。有些场合采用二维数组来处理数据会更加方便。

### 1. 二维数组定义

定义二维数组的一般形式为

    类型符 数组名[常量表达式] [常量表达式];

例如：

    int a[3][4];    //定义二维数组

表示定义了一个整型二维数组，数组名为 a，此数组有 12 个整型元素，排成 3 行 4 列形式，分别为

a[0][0]、a[0][1]、a[0][2]、a[0][3]

a[1][0]、a[1][1]、a[1][2]、a[1][3]

a[2][0]、a[2][1]、a[2][2]、a[2][3]

### 2. 二维数组初始化

在定义二维数组的同时，也可以对数组元素进行初始化，例如：

```
int a[3][5]={
                {11,22,33,44,55},
                {66,77,88,99,110},
                {120,130,140,150,160}
            };
```

也可以写成如下形式：

```
int a[3][5]={11,22,33,44,55,66,77,88,99,110,120,130,140,150,160};
```

**注意：** 如果对全部元素都赋初值，则定义二维数组时下标 1 可以省略，但下标 2 不能省略。如上面的二维数组与下面的定义等价：

```
int a[][5]={11,22,33,44,55,66,77,88,99,110,120,130, 140,150,160};
```

# 5.3　字符数组及应用

用来存放字符数据的数组称为字符数组，字符数组中的一个元素存放一个字符。由于在 C 语言中没有专门的字符串变量，通常用一个字符数组来存放一个字符串。字符串常量是指用一对双引号括起来的一串字符，字符串形式的数据在现实生活中应用较广泛。

C 语言规定了一个字符串结束标志，以字符'\0'作为结束标志。C 语言系统在用字符数组存储字符串常量时会自动加一个'\0'作为结束标志。

### 1. 字符数组定义

定义字符数组的一般形式与定义数值数组的一般形式类似。例如：

```
char c[5];
```

表示定义了一个一维字符数组,数组名为 c,此数组有 5 个字符元素,5 个字符元素分别是 c[0]、c[1]、c[2]、c[3]、c[4]。

### 2. 字符数组初始化

定义字符数组的同时可以对其元素进行初始化，对字符数组初始化可以用以下两种方法实现。

（1）定义字符数组并以单个字符方式初始化。例如：

```
char c[5]={'C','h','i','n','a'};
```

上面字符数组中的 5 个元素分别是 c[0]= 'C'、c[1]= 'h'、c[2]='i'、c[3]='n'、c[4]='a'。此时，由于字符的个数已经确定，因此可以不指定数组长度，上面的字符数组可以改写成如下形式：

```
char c[]={'C','h','i','n','a'};
```

（2）定义字符数组并以字符串方式初始化。例如：

```
char c[]={"China"};
```

也可以直接将花括号省略，写成如下形式：

```
char c[]="China";
```

显然，用字符串方式初始化比用单个字符方式初始化要方便快捷许多，在字符数组应用中经常用到。

### 3. 字符数组的输入/输出

字符数组的输入/输出可以采用以下两种方法。

（1）按单个字符形式逐个输入或输出，用格式符"%c"输入或输出一个字符。

（2）按字符串形式一次输入或输出，用格式符"%s"将整个字符串一次性输入或输出。

# 5.4　任　务　实　现

## 任务5.1：冒泡法排序

**要求**：定义一个一维数组，数组长度为 10，用冒泡法将这个数组中的 10 个整数按由小到大的顺序排序。

（1）采用赋值语句对数组中的各元素初始化。

（2）采用键盘输入数组中的各元素。

**编程思路**：排序方法很多，读者在项目 3 中已经遇到过，采用的方法是设定多个变量，用 if-else 语句对相邻两数进行两两比较实现，该方法在数据较多的场合过于烦琐、不太适用。引入数组和循环控制相结合的方式，将会使程序更加简洁、紧凑，大大提高编程效率。

冒泡法排序思路：对数组中的 10 个元素不断地进行相邻两数的两两比较。从头到尾比第一趟，第一个数和第二个数进行比较，若前数大于后数，则将两数位置交换，再比较第二个数和第三个数，若前数还是大于后数，则将两数位置交换。以此类推，直至最后两个数比较完，将最大数排在最后。然后进行第二趟比较，即对前 9 个数再依次进行相邻两数的两两比较，将第二大数排在倒数第二位置。以此类推，直至 10 个数的位置全部排好。

总结上述排序过程可知，如果有 n 个数，则要进行 n-1 趟比较，在第 j 趟中，又要进行 n-j 次相邻两数的两两比较。可以采用二重 for 循环实现控制——外层循环控制趟数，内层循环控制次数。

以下面 5 个数为例，说明冒泡法排序过程，如图 5-1 所示。

```
64  52   5  98  16   原始数据位置

52   5  64  16  98   第一趟排序位置

 5  52  16  64  98   第二趟排序位置

 5  16  52  64  98   第三趟排序位置

 5  16  52  64  98   第四趟排序位置
```

图 5-1　冒泡法排序过程

**源程序如下：**

（1）采用赋值语句对数组中的各元素初始化。

```c
/*************************************************************************
*@File        chapter 5-1-1.c
*@Function    按由小到大的顺序排序
*************************************************************************/
#include <reg51.h>
#include <stdio.h>
void main( )
{
    int i, j, t;                                //定义变量
    int a[10]={8,34,92,5,75,12,-17,44,29,51};   //定义一维数组并初始化
    SCON=0x52;                                  //串行口初始化，打开显示窗口
    TMOD=0x20;
    TH1=0xf3;
    TR1=1;
    for(j=0;j<9;j++)                            //外层 for 循环进行 n-1 趟比较
    {
        for(i=0;i<9-j;i++)                      //内层 for 循环进行 n-j 次两两比较
        {
            if (a[i]>a[i+1])                    //相邻两数比较，若前数大于后数，则交换位置
            {
                t=a[i];
                a[i]=a[i+1];
                a[i+1]=t;
            }
        }
    }
    printf("the sorted numbers :\n");           //输出提示信息
    for(i=0;i<10;i++)                           //for 循环输出排序结果
        printf("%d  ",a[i]);
    printf("\n");
    while(1);                                   //空循环，程序暂停
}
```

打开 Keil 软件，按上机调试与运行步骤调试运行程序，其运行显示结果如图 5-2 所示。

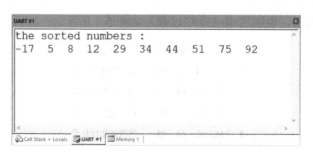

图 5-2 运行显示结果

（2）采用键盘输入数组中的各元素。

```
/*****************************************************************
*@File        chapter 5-1-2.c
*@Function    按由小到大的顺序排序
*****************************************************************/
#include <reg51.h>
#include <stdio.h>
void main( )
{
    int i, j, t;                           //定义变量
    int a[10];                             //定义一维数组
    SCON=0x52;                             //串行口初始化，打开显示窗口
    TMOD=0x20;
    TH1=0xf3;
    TR1=1;
    printf("please input 10 numbers :\n");  //输出提示信息
    for(i=0;i<10;i++)                       //for 循环，通过键盘输入 10 个元素
        scanf("%d",&a[i]);
    printf("\n");
    for(j=0;j<9;j++)                        //外层 for 循环进行 n-1 趟比较
    {
        for(i=0;i<9-j;i++)                  //内层 for 循环进行 n-j 次两两比较
        {
            if (a[i]>a[i+1])                //相邻两数比较，若前数大于后数，则交换位置
            {
                t=a[i];
                a[i]=a[i+1];
                a[i+1]=t;
            }
        }
    }
    printf("the sorted numbers :\n");       //输出排序结果
    for(i=0;i<10;i++)
        printf("%d ",a[i]);
    printf("\n");
    while(1);                               //空循环，程序暂停
}
```

打开 Keil 软件，按上机调试与运行步骤调试运行程序，其运行显示结果如图 5-3 所示。

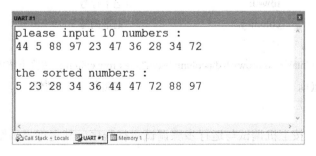

图 5-3 运行显示结果

## 任务 5.2：定义矩阵找最大数

**要求：**用二维数组定义一个 3 行 4 列的矩阵，要求找出其中的最大数，并记下其行号和列号。

（1）采用赋值语句对数组中的各元素初始化；

（2）采用键盘输入数组中的各元素。

**源程序如下：**

（1）采用赋值语句对数组中的各元素初始化。

```c
/***********************************************************
*@File        chapter 5-2-1.c
*@Function    找最大数
***********************************************************/
#include <reg51.h>
#include <stdio.h>
void main( )
{
    int i,j,row=0,colum=0,max;              //定义变量
    int a[3][4]={ {16,24,-37,54},
                  {79,80,73,60},
                  {-20,98,-57,29}
                };                           //定义二维数组并赋初值
    SCON=0x52;                               //串行口初始化，打开显示窗口
    TMOD=0x20;
    TH1=0xf3;
    TR1=1;
    max=a[0][0];                             //把第一个数 a[0][0]认作最大数
    for (i=0;i<=2;i++)                       //外循环控制行数
        for (j=0;j<=3;j++)                   //内循环控制列数
            if (a[i][j]>max)                 //如果某元素大于 max，就取代 max 的原值
            {
                max=a[i][j];
                row=i;                       //记下行号
                colum=j;                     //记下列号
            }
    printf("max=%d\nrow=%d\ncolum=%d\n",max,row,colum);   //输出结果
    while(1);                                //空循环，程序暂停
}
```

打开 Keil 软件，按上机调试与运行步骤调试运行程序，其运行显示结果如图 5-4 所示。

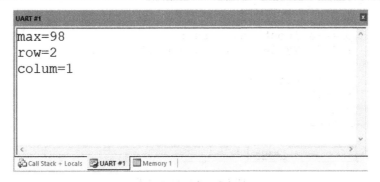

图 5-4  运行显示结果

（2）采用键盘输入数组中的各元素。

```c
/*************************************************************
*@File        chapter 5-2-2.c
*@Function    找最大数
*************************************************************/
#include <reg51.h>
#include <stdio.h>
void main( )
{
    int i,j,row=0,colum=0,max;           //定义变量
    int a[3][4];                          //定义二维数组
    SCON=0x52;                            //串行口初始化，打开显示窗口
    TMOD=0x20;
    TH1=0xf3;
    TR1=1;
    printf("please input   numbers :\n");  //输出提示信息
    for(i=0;i<=2;i++)                      //二重 for 循环，通过键盘输入 10 个元素
        for(j=0;j<=3;j++)
            scanf("%d",&a[i][j]);
    printf("\n");
    max=a[0][0];                           //把第一个数 a[0][0]认作最大数
    for (i=0;i<=2;i++)                     //外循环控制行数
        for (j=0;j<=3;j++)                 //内循环控制列数
            if (a[i][j]>max)               //如果某元素大于 max，就取代 max 的原值
            {
                max=a[i][j];
                row=i;                      //记下行号
                colum=j;                    //记下列号
            }
    printf("OK! result is:\n");
    printf("max=%d\nrow=%d\ncolum=%d\n",max,row,colum);     //输出结果
    while(1);                               //空循环，程序暂停
}
```

打开 Keil 软件，按上机调试与运行步骤调试运行程序，其运行显示结果如图 5-5 所示。

```
UART #1                                                    ✕
please input   numbers :
1 2  54  78  36  11  4  7  8  9  6  55

OK!  result  is:
max=78
row=0
colum=3

< 
Call Stack + Locals   UART #1   Memory 1
```

图 5-5　运行显示结果

## 任务 5.3：输出字符串

**要求：** 在屏幕上输出以下字符串信息。

I am a student.

（1）采用单个字符方式初始化；
（2）采用字符串方式初始化，并用格式符"%c"输出；
（3）采用字符串方式初始化，并用格式符"%s"输出。

**源程序如下：**

（1）采用单个字符方式初始化。

```c
/***********************************************************************
*@File         chapter 5-3-1.c
*@Function     输出字符串
***********************************************************************/
#include <reg51.h>
#include <stdio.h>
void main( )
{
    int i;                                  //定义变量
    char c[15]={'I',' ','a','m',' ','a',' ','s','t','u','d','e','n','t','.'};//定义字符数组并以单个字符方式初始化
    SCON=0x52;                              //串行口初始化，打开显示窗口
    TMOD=0x20;
    TH1=0xf3;
    TR1=1;
    for(i=0;i<15;i++)                       //for 循环按单个字符方式逐个循环输出
        printf("%c",c[i]);
    printf("\n");
    while(1);                               //空循环，程序暂停
}
```

（2）采用字符串方式初始化，并用格式符"%c"输出。

```c
/***********************************************************************
*@File         chapter 5-3-2.c
*@Function     输出字符串
```

```
*****************************************************/
#include <reg51.h>
#include <stdio.h>
void main( )
{
    int i;                              //定义变量
    char c[] = "I am a student.";       //定义字符数组并以字符串方式初始化
    SCON=0x52;                          //串行口初始化，打开显示窗口
    TMOD=0x20;
    TH1=0xf3;
    TR1=1;
    for(i=0;i<15;i++)                   //for 循环按字符方式逐个循环输出
        printf("%c",c[i]);              //用格式符"%c"输出
    printf("\n");
    while(1);                           //空循环，程序暂停
}
```

（3）采用字符串方式初始化，并用格式符"%s"输出。

```
/*****************************************************
*@File          chapter 5-3-3.c
*@Function      输出字符串
*****************************************************/
#include <reg51.h>
#include <stdio.h>
void main( )
{
    char c[]="I am a student.";         //定义字符数组并以字符串方式初始化
    SCON=0x52;                          //串行口初始化，打开显示窗口
    TMOD=0x20;
    TH1=0xf3;
    TR1=1;
    printf("%s",c);                     //用格式符"%s"将整个字符串一次输出
    printf("\n");
    while(1);                           //空循环，程序暂停
}
```

打开 Keil 软件，按上机调试与运行步骤调试运行程序，其运行显示结果如图 5-6 所示。

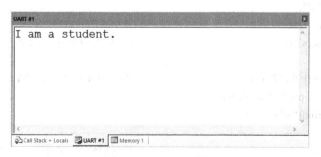

图 5-6 运行显示结果

## 任务 5.4：输出菱形图案

**要求：** 在屏幕上输出以下菱形图案。

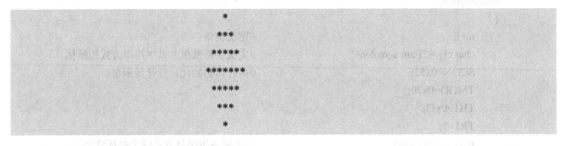

（1）采用单个字符方式初始化。
（2）采用字符串方式初始化。

**源程序如下：**

（1）采用单个字符方式初始化。

```c
/***********************************************************
*@File        chapter 5-4-1.c
*@Function    输出菱形图案
***********************************************************/
#include <stdio.h>
#include <reg51.h>
void main()
{
    int i,j;                          //定义变量
    char diamond[][7] = {
            {' ',' ',' ','*',' ',' ',' '},
            {' ',' ','*','*','*',' ',' '},
            {' ','*','*','*','*','*',' '},
            {'*','*','*','*','*','*','*'},
            {' ','*','*','*','*','*',' '},
            {' ',' ','*','*','*',' ',' '},
            {' ',' ',' ','*',' ',' ',' '},
                };                    //定义二维字符数组并初始化
    SCON=0x52;                        //串行口初始化，打开显示窗口
    TMOD=0x20;
    TH1=0xf3;
    TR1=1;
    for (i=0;i<7;i++)                 //外层 for 循环控制行数
    {
        for (j=0;j<7;j++)             //内层 for 循环控制列数
            printf("%c",diamond[i][j]);
        printf("\n");
    }
    while(1);                         //空循环，程序暂停
}
```

（2）采用字符串方式初始化。

```
/***************************************************************
*@File         chapter 5-4-2.c
*@Function     输出菱形图案
***************************************************************/
#include <stdio.h>
#include <reg51.h>
void main()
{
    int i,j;                              //定义变量
    char diamond[][7] = {
                    {"   *   "},
                    {"  ***  "},
                    {" ***** "},
                    {"*******"},
                    {" ***** "},
                    {"  ***  "},
                    {"   *   "}
                    };                    //定义二维字符数组并初始化
    SCON=0x52;                            //串行口初始化，打开显示窗口
    TMOD=0x20;
    TH1=0xf3;
    TR1=1;
    for (i=0;i<7;i++)                     //外层 for 循环控制行数
    {
        for (j=0;j<7;j++)                 //内层 for 循环控制列数
            printf("%c",diamond[i][j]);
        printf("\n");
    }
    while(1);                             //空循环，程序暂停
}
```

打开 Keil 软件，按上机调试与运行步骤调试运行程序，其运行显示结果如图 5-7 所示。

图 5-7　运行显示结果

# 5.5　工程应用——霓虹灯控制（1）

### 1. 任务描述

夜幕降临，华灯初上，各式各样的霓虹灯和电子广告牌把城市装扮得格处耀眼美丽。那么，霓虹灯是怎样工作的？显示花样又是如何编程实现的呢？

在 4.7 工程应用——LED 灯闪烁的基础上，要求用 C 语言编程，采用键盘、C 语言工程应用仿真实验板，使 8 个 LED 灯轮流依次循环点亮。即按以下顺序动作：

LED1（亮）→延时→LED1（灭）→延时→LED2（亮）→延时→LED2（灭）→延时→LED3（亮）→延时→LED3（灭）→延时→LED4（亮）→延时→LED4（灭）→延时→LED5（亮）→延时→LED5（灭）→延时→LED6（亮）→延时→LED6（灭）→延时→LED7（亮）→延时→LED7（灭）→延时→LED8（亮）→延时→LED8（灭）→延时→LED1（亮）…

### 2. 编写 C 程序

**编程思路：** 先定义一个一维数组 table[8]，以十进制数形式存放 8 个 LED 灯依次点亮的显示花样，利用循环语句依次取一维数组中的元素，每取出一个元素，延时一段时间，熄灭后延时一段时间，再取下一个元素，再延时，再熄灭，再延时，以此循环下去，直到 8 个元素全部取完，再从头开始循环即可。

**源程序如下：**

```
/**********************************************************************
* @ File:    chapter 5-5.c
* @ Function:  霓虹灯控制（1）
**********************************************************************/
#include <reg51.h>                        //预处理命令
#define uint unsigned int
#define uchar unsigned char
uchar   Led_style[] = { 254,253,251,247,239,223,191,127};//定义一维数组霓虹灯花样（十进制数形式）
void main()                               //定义主函数
{
    uchar num;                            //定义下标变量
    uint i, j;                            //定义变量
    while (1)                             //大循环
    {
        for (num = 0; num<8; num++)       //for 循环控制
        {
            P1 = Led_style[num];          //取花样代码
            for (i = 1000; i>0; i--)      //二重 for 循环延时
              for (j = 110; j>0; j--);
        }
    }
}
```

程序说明：在上述程序中，Led_style[]一维数组中定义霓虹灯花样采用的是十进制数形式，也可以采用十六进制数形式。例如：

```
uchar    Led_style[] = { 0xfe,0xfd,0xfb,0xf7,0xef,0xdf,0xbf,0x7f};
```

还可以采用十进制反码取值方式，只是在取花样代码时，对代码再取一次反即可。例如：

```
uchar    Led_style[] = { 1, 2, 4, 8, 16, 32, 64, 128 };
```

程序段语句：

```
P1 = Led_style[num];                    //取花样代码
```

修改成：

```
P1 = ~Led_style[num];                   //取花样代码求反
```

请读者上机试试。

### 3．上机调试与仿真

（1）打开 Keil 软件，建立工程。

（2）输入源程序，使源程序编译连接正确。

（3）打开 C 语言工程应用仿真实验板，设置联调。

（4）单击 Keil 软件中的"Debug"按钮，使 Proteus 进入调试状态。

（5）采用单步（Step）或连续（Run）执行键运行程序，其仿真结果如图 5-8 所示。

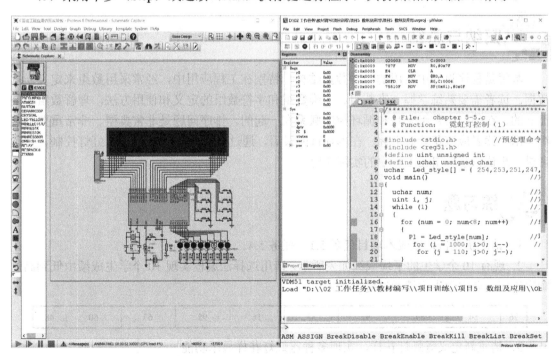

图 5-8　仿真结果

当然，也可以将霓虹灯的显示花样定义成二维数组（两行四列）形式，采用 for 循环语句循环嵌套实现。参考下面代码段修改源程序：

```
#include <reg51.h>                                //预处理命令
#define uint unsigned int
#define uchar unsigned char
uchar code Led_style[2][4] = { { 1, 2, 4, 8 },
                               { 16, 32, 64, 128 }
                             };                   //定义二维数组霓虹灯花样
void main()                                       //定义主函数
{
    uchar num1,num2;                              //定义下标变量
    uint i, j;                                    //定义变量
    while (1)                                      //大循环
    {
        for (num1 = 0; num1<4; num1++)            //二重 for 循环嵌套控制
            for (num2 = 0; num2<4; num2++)
            {
                P1 = ~Led_style[num1][num2];      //取花样代码求反
                for (i = 1000; i>0; i--)          //二重 for 循环延时
                    for (j = 110; j>0; j--);
            }
    }
}
```

运行修改后的源程序，确定 8 个发光二极管依次循环点亮。

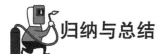 归纳与总结

数组是程序设计中常用的一种数据结构，特别在工程应用中，经常采用数组来定义一批数据。读者需要熟练掌握一维数组、二维数组和字符数组的定义和使用方法，理解数组不是孤立的，在使用中数组总是和循环控制联系在一起的。排序问题是非常典型、非常重要的数组应用，读者应该花功夫掌握。在本项目的最后，通过用 C 语言编程实现霓虹灯控制，使读者进一步认识了数组在工程中的实际应用。

 练习题

1．请上机调试，完成本项目任务 5.1～任务 5.4。

2．现有 10 个学生的平均成绩如表所示，请用选择法编程实现 10 个学生成绩由低到高的顺序排序。要求学生成绩通过键盘输入。

| 76 | 54 | 89 | 92 | 33 | 16 | 95 | 67 | 60 | 48 |
|----|----|----|----|----|----|----|----|----|----|

3．请重新定义霓虹灯花样，实现多种霓虹灯花样显示功能。

（1）以十进制数形式定义。

（2）以十六进制数形式定义。

# 项目6　函数及应用

**教学目的**

- 熟练掌握函数定义、调用和声明的方法；
- 熟练掌握函数的几种分类方法；
- 熟练掌握用户自定义函数的编写方法及位置；
- 熟练掌握函数的调用与嵌套调用方法；
- 掌握数组作为函数参数的方法；
- 了解并掌握全局变量和局部变量的概念；
- 了解并掌握变量的存储方式。

**重点和难点**

- 函数定义、调用和声明的方法；
- 函数的参数及函数调用时参数传递；
- 用户自定义函数的编写方法及位置；
- 函数的调用与嵌套调用；
- 如何使用局部变量和全局变量。

 项目任务

任务 6.1：用函数调用实现信息显示

任务 6.2：用函数调用实现比较两数大小

任务 6.3：用函数调用实现求两整数的和

任务 6.4：用函数嵌套调用实现找五个整数中的最大和最小数

任务 6.5：用函数调用实现闰年判断

任务 6.6：用函数调用实现排序

任务 6.7：用函数调用实现求 10 个整数平均值

任务 6.8：用函数调用实现素数判断

任务 6.9：用函数调用实现输出九九乘法表

任务 6.10：输出 1 到 5 的阶乘值

任务 6.11：多文件形式实现学生分数等级判断

 相关知识

# 6.1 函数定义、调用及声明

函数即功能，每个函数是一个程序模块，用来实现一个特定的功能。

一个 C 程序是由一个主函数 main() 和若干个其他函数构成的，由主函数 main() 调用其他函数。其他函数也可以互相调用，但其他函数不能调用主函数 main()，主函数 main() 是由系统调用的。同一个函数可以被一个或多个函数调用任意多次。

C 程序的执行总是从主函数 main() 开始的，如果是在主函数 main() 中调用其他函数，在调用完这些函数后，流程返回到主函数 main() 处，在主函数 main() 中结束整个程序的运行。

所有函数都是平行的，即在定义函数时是分别进行的，是互相独立、不分先后的。一个函数并不从属于另一个函数，即函数不能嵌套定义。

## 6.1.1 函数分类

（1）从函数定义的角度来看，函数分为两种，即库函数和用户自定义函数。

① 库函数：由 C 语言系统提供定义，用户不必自己定义而直接使用它们，如 scanf()、printf() 等函数。读者要善于利用这些函数，以减少重复编写程序段的工作量。

② 用户自定义函数：需要用户自己定义，用以实现用户专门需要的特定功能的函数。如串行口初始化函数 uart_init()、求两个数中的较大者函数 max() 等。

（2）从主调函数和被调函数之间数据传送的角度来看，函数也可分为两种，即无参函数和有参函数。

① 无参函数：函数定义、说明及调用中均不带参数，主调函数和被调函数之间不进行参数的传送。此类函数通常用来完成一组指定的功能，可以返回或不返回函数值。

② 有参函数：在函数定义及说明时都有参数，称为形式参数（简称形参）；在函数调用时也必须给出参数，称为实际参数（简称实参）。进行函数调用时，主调函数将把实参传送给形参，供被调函数使用。

（3）从有无返回值角度来看，函数又分为两种，即有返回值函数和无返回值函数。

① 有返回值函数：函数被调用执行完后，将向调用者返回一个执行结果，称为函数的返回值。由用户定义的返回函数值的函数，必须在函数定义中明确返回值的类型。

② 无返回值函数：此类函数用于完成某项特定的处理任务，执行完成后不向调用者返回函数值。用户在定义此类函数时可指定它的返回为"空类型（void）"。

## 6.1.2 函数定义

（1）无参函数定义的一般形式

无参函数定义的一般形式为

```
类型名 函数名()
{
```

```
        声明部分
        语句部分
    }
```

或

```
    类型名 函数名(void)
    {
        声明部分
        语句部分
    }
```

其中，类型名指明本函数的类型，函数的类型实际上是函数的返回值的类型，该类型名与前面介绍的各种说明符相同。在很多情况下都不要求无参函数有返回值，此时函数类型符可以写为 void。

函数名是由用户定义的标识符，函数名后有一个空括号或括号里写有 void，void 表示"空"，即其中无参数，但括号不可少。

{}中的内容称为函数体，函数体包括声明部分和语句部分。在函数体中声明部分是对函数体内部所用到的变量的类型说明，该声明部分可有可无。如下面定义的一个无参函数，函数类型为 void，由于没有用到其他变量，所以函数体中无声明部分。

```
    void print_message()
    {
        printf ("Hello, everyone !\n");
    }
```

当这个无参函数被其他函数调用时，将输出"Hello, everyone !"字符串。

（2）有参函数定义的一般形式

有参函数定义的一般形式为

```
    类型名 函数名(形式参数表列)
    {
        声明部分
        语句部分
    }
```

有参函数比无参函数多了一个内容，即形式参数表列。在形参表中给出的参数称为形式参数，它们可以是各种类型的变量，各参数之间用逗号间隔。在进行函数调用时，主调函数将赋予这些形式参数实际的值。形参既然是变量，必须在形参表中给出形参的类型说明。

例如，定义一个函数，用于求两个数中的较大数，可写为

```
    int max(int x, int y)
    {
        if (x>y)
            return x;
        else
            return y;
    }
```

其中，第一行说明 max()函数是一个整型函数，其返回的函数值是一个整数。形参为 x、y，均为整型量。x、y 的具体值是由主调函数在调用时传送过来的。在{}中的函数体内，除形参外没有使用其他变量，因此只有语句部分而没有声明部分。在 max()函数体中的 return 语句把 x（或 y）的值作为函数的值返回给主调函数。有返回值函数中至少应有一个 return 语句。

在 C 程序中，一个函数的定义可以放在任意位置，既可放在主函数 main()之前，也可放在 main()之后。但如果放在 main()之后，必须在主函数 main()中对该函数加以声明，关于这一点，将在函数声明部分介绍。

### 6.1.3 函数调用

（1）函数调用的一般形式

函数调用的一般形式为

函数名(实际参数表列)

实际参数表列中的参数可以是常数、变量或其他构造类型数据及表达式，如果实参表列中包含多个实参，则各实参之间用逗号分隔。调用无参函数时则无实际参数表列。

（2）函数调用的方式

在 C 语言中，可以用以下三种方式调用函数。

① 函数表达式：函数作为表达式中的一项出现在表达式中，以函数的返回值参与表达式的运算。这种方式要求函数是有返回值的。例如：

z=max(a,b);

即是一个赋值表达式，把 max()函数的返回值赋予变量 z。

② 函数语句：函数调用的一般形式加上分号即构成函数语句，这是最常用的一种方式。例如：

print_message();

即以函数语句的方式调用函数。这时不要求函数带返回值，只要求函数完成一定的操作。

③ 函数实参：函数作为另一个函数调用的实际参数出现。这种情况是把该函数的返回值作为实参进行传送，因此要求该函数必须有返回值。例如：

m=max(max(a,b),c);

即把 max(a,b)调用的返回值又作为 max()函数的实参来使用，经过赋值后，m 的值是 a、b、c 三者中的最大数。

### 6.1.4 函数声明

在主调函数调用某函数之前，应对被调函数进行说明（声明），这与使用变量之前要先进行变量说明是一样的。在主调函数中对被调函数做说明，其目的是把有关函数的信息（函数名、函数类型、函数参数的个数和类型）通知编译系统，以便编译系统在编译程序时，在进行到主函数 main()调用被调函数时，知道被调函数是函数而不是变量或其他对象，知道函数返回值的类型，以便在主调函数中按此种类型对返回值做相应的处理。另外还对被调函数的正确性进行检查。

函数声明的一般形式为

类型名　被调函数名(类型　形参,类型　形参…);

或

类型名　被调函数名(类型,类型　… );

括号内给出了形参的类型和形参名,或只给出形参类型。这便于编译系统进行检错,以防止可能出现的错误。

C 语言中规定当被调函数的函数定义出现在主调函数之前时,在主调函数中可以不对被调函数加以声明而直接调用;如果被调函数的函数定义出现在主调函数之后,则在主调函数中必须对被调函数加以声明,否则编译系统会报错。

另外,对库函数的调用不需要再做说明,但必须把该函数的头文件用#include 命令包含在源文件前面。

# 6.2　函数的参数和函数的值

## 6.2.1　形式参数和实际参数

前面已经提到,在调用函数时,主调函数和被调函数之间有数据的传送关系。在定义函数时,函数名后面括号里的变量名称为形式参数(简称形参);在主调函数中调用一个函数时,函数名后面括号里的参数称为实际参数(简称实参)。形参出现在函数定义中,在整个函数体内都可以使用,离开该函数则不能使用。实参出现在主调函数中,进入被调函数后,实参变量也不能使用。形参和实参的功能是进行数据传送。发生函数调用时,主调函数把实参的值传送给被调函数的形参,从而实现主调函数向被调函数的数据传送。

函数的形参和实参具有以下特点:

(1)形参变量只有在被调用时才分配内存单元,在调用结束时,即刻释放所分配的内存单元。因此,形参只在函数内部有效。

(2)实参可以是常量、变量、表达式、函数等,无论实参是何种类型的量,在进行函数调用时,它们都必须具有确定的值,以便把这些值传送给形参。

(3)实参和形参在数量上、类型上和顺序上应严格一致,否则会发生类型不匹配错误。

(4)函数调用中发生的数据传送是单向的。即只能把实参的值传送给形参,而不能把形参的值反向传送给实参。

## 6.2.2　函数的返回值

函数值(或称函数的返回值)是指函数被调用之后,执行函数体中的程序段所取得的并返回给主调函数的值,如调用 max()函数取得的最大数等。对函数值有以下一些说明:

②　函数值只能通过 return 语句返回主调函数。

return 语句的一般形式为

return 表达式;

或

return (表达式);

该语句的功能是计算表达式的值，并返回给主调函数。在函数中允许有多个 return 语句，但每次调用只能有一个 return 语句被执行，因此只能返回一个函数值。

（2）函数值的类型和函数定义中函数的类型应保持一致。

如果两者不一致，则以函数类型为准，自动进行类型转换。如函数值为整型，在进行函数定义时可以省去类型说明。

（3）不返回函数值的函数，可以明确定义为空类型，类型说明符为"void"。

为了使程序有良好的可读性并减少出错，凡不要求返回值的函数都应定义为空类型。

# 6.3 函数的嵌套调用

## 6.3.1 函数的嵌套调用

在一个函数中再调用其他函数的情况称为函数的嵌套调用。

C 语言中不允许做嵌套的函数定义，因此各函数之间是平行的，不存在上一级函数和下一级函数的问题。但是 C 语言允许在一个函数的定义中出现对另一个函数的调用。

如果函数 A 调用函数 B，函数 B 再调用函数 C，一个调用一个地嵌套下去，这就构成了函数的嵌套调用。如图 6-1 表示了两层函数嵌套的情形。

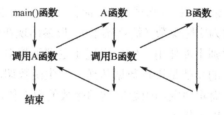

图 6-1 两层函数嵌套的情形

执行过程：执行 main()函数中调用 A 函数的语句时，即转去执行 A 函数；在 A 函数中调用 B 函数时，又转去执行 B 函数；B 函数执行完毕返回 A 函数的断点继续执行，A 函数执行完毕返回 main()函数的断点继续执行。

具有嵌套调用函数的程序，需要分别定义多个不同的函数体，每个函数体完成不同的功能，它们合起来解决复杂的问题。

## 6.3.2 数组名作为函数参数

可以用数组名做函数参数，用数组名做函数参数与用数组元素做实参有几点不同：

（1）用数组元素做实参时，对数组元素的处理按普通变量对待。用数组名做函数参数时，则要求形参和相对应的实参都必须是类型相同的数组，都必须有明确的数组说明。当形参和实参两者不一致时，即会发生错误。

（2）在普通变量或下标变量做函数参数时，形参变量和实参变量是由编译系统分配的两个不同的内存单元。在调用函数时发生的值传送是把实参变量的值赋予形参变量；在用数组名做函数参数时，由于数组名就是数组的首地址，因此在数组名做函数参数时所进行的传送只是地址的传送，也就是说把实参数组的首地址赋予形参数组名。实际上是形参数组和实参数组为同一数组，共同拥有一段内存空间。

# 6.4 局部变量和全局变量

变量有效性的范围称为变量的作用域。C 语言中所有的量都有自己的作用域。C 语言中的变量，按作用域范围可分为两种，即局部变量和全局变量。

## 6.4.1 局部变量

局部变量也称为内部变量，其作用域仅限于本函数内部。例如：

```
int f1(int z)            /*函数 f1()内，a、b、z 有效*/
{
    int a,b;
    …
}
int f2()                 /*函数 f2()内，x、y 有效*/
{
    int x,y;
    …
}
void main()              /*函数 main()内，i、j 有效*/
{
    int I,j;
    …
}
```

**注意：**允许在不同的函数中使用相同的变量名，它们代表不同的对象，分配不同的单元，互不干扰，也不会发生混淆。

## 6.4.2 全局变量

全局变量也称为外部变量，它是在函数外部定义的变量，其作用域是从定义变量的位置开始到本源程序结束。

在函数中使用全局变量，一般应做全局变量说明。只有在函数内经过说明的全局变量才能使用。全局变量的说明符为 extern。但在一个函数之前定义的全局变量，在该函数内使用可不再加以说明。

有关全局变量的具体应用请读者参看本项目任务 6.6、任务 6.7 和任务 6.8。

# 6.5 变量的存储类型

变量从其作用域（即从空间）角度来分，可以分为全局变量和局部变量；从变量值存在的时间（即生存期）角度来分，可以分为静态存储方式和动态存储方式。

### 1. 静态存储方式和动态存储方式

所谓静态存储方式是指在程序运行期间由系统分配固定的存储空间的方式，而动态存储方式是指在程序运行期间根据需要动态分配存储空间的方式。

在一般情况下，用户存储空间可以分为程序区和数据区，数据区中的数据又分别存放在静态存储区和动态存储区。

（1）静态存储区

全局变量全部存放在静态存储区，在程序开始执行时给全局变量分配存储区，程序执行完毕就释放。在程序执行过程中它们占据固定的存储单元，而不动态地进行分配和释放。

（2）动态存储区

动态存储区用来存放以下数据：

① 函数的形式参数；

② 自动变量（未加 static 声明的局部变量）；

③ 函数调用时的现场保护和返回地址等。

对以上这些数据，在开始调用函数时分配动态存储空间，调用结束时释放这些空间。

### 2. 存储类别

在 C 语言中，每个变量和函数都有两个属性：数据类型和数据存储类别。数据类型读者已经熟悉了，数据存储类别指的是数据在内存中的存储方式，包括四种类别：自动（auto）、静态（static）、寄存器（register）、外部（extern）。

（1）auto

程序中大多数变量属于自动存储类别。函数中的形参和在函数中定义的变量（包括在复合语句中定义的变量）都属此类，在调用该函数时，系统会给形参和函数中定义的变量分配存储空间，在函数调用结束时，就自动释放这些存储空间。用关键字 auto 做变量存储类别的声明，关键字 auto 可以省略，auto 不写则隐含为自动存储类别，属于动态存储方式，例如："auto  int  a, b;"与"int  a, b;"等价。

（2）static

有时希望函数中的局部变量的值在函数调用结束后不消失而保留原值，这时就应该指定局部变量为静态局部变量，用关键字 static 进行声明。

静态局部变量属于静态存储类别，在静态存储区内分配存储单元，在程序整个运行期间都不释放。而自动变量（即动态局部变量）属于动态存储类别，占用动态存储空间，函数调用结束后即释放。

静态局部变量在编译时赋初值，即只赋初值一次；而对自动变量赋初值是在函数调用时进行的，每调用一次函数重新给一次初值，相当于执行一次赋值语句。

**注意：**由于使用静态局部变量占用内存空间且降低程序的可读性，所以，在通常情况下不要使用过多静态局部变量。

有关 static 变量的具体用法请参考任务 6.10。

（3）register

一般情况下，变量的值是存放在内存中的。如果有一些变量使用频繁，为了提高效率，C 语言允许将局部变量的值放在 CPU 的寄存器中，这种变量叫寄存器变量，用关键字 register 做声明。

几点说明：

① 只有局部自动变量和形式参数可以作为寄存器变量；

② 一个计算机系统中的寄存器数目有限，不能定义任意多个寄存器变量；

③ 局部静态变量不能定义为寄存器变量。

有关 register 变量的具体用法将在后续项目中做介绍，这里不再加以说明。

（4）extern

外部变量（即全局变量）是在函数的外部定义的，它的作用域为从变量定义处开始，到本程序文件的结束处。如果外部变量不在文件的开头定义，其有效的作用范围只限于定义处到文件结束处。如果在定义点之前的函数想引用该外部变量，则应该在引用之前，用关键字 extern 对该变量做外部变量声明。

一个 C 程序可以由一个或多个源程序文件组成。如果程序只由一个源文件组成，最好直接将外部变量放到程序的最前面，这样在程序段中就可以省去用 extern 声明变量。

如果程序由多个源程序文件组成，在多个文件中都要用到同一个外部变量，不能在每个源程序文件中都各自定义这个变量，否则，在进行程序的连接时会出现重复定义的错误。这样需要用 extern 做外部变量声明，具体用法请参考本项目任务中的相关内容和附录 B。

# 6.6  任 务 实 现

## 任务 6.1：用函数调用实现信息显示

**要求：** 请在屏幕上，用函数调用方法实现以下信息显示。

```
**********************************************
          Hello!   My   name   is   C   program.
**********************************************
```

**编程思路：** 需要显示的信息有三行，可以定义一个 print_star()函数，该函数的功能是实现一行 "*" 的显示，用主函数分别调用两次；再定义一个 print_message()函数，用于显示中间一行文字信息；另外要用到 UART 显示窗口，本项目已经学了用户自定义函数，也可以把它单独写成一个子函数（uart_init()串行口初始化函数）。最后，在主函数中分别调用这几个函数就可以了。

**源程序如下：**

```
/********************************************************************
 * @ File：    chapter 6-1-1.c
 * @ Function： 用函数调用实现信息显示
 *******************************************************************/
#include <reg51.h>                   //预处理命令
#include <stdio.h>
void main()                          //定义主函数
{
    void uart_init() ;               //声明 uart_init()函数
    void print_star();               //声明 print_star()函数
    void print_message();            //声明 print_message()函数
    uart_init() ;                    //调用 uart_init()函数
    print_star();                    //调用 uart_init()函数
```

```
        print_message();                    //调用 uart_init()函数
        print_star();                       //调用 uart_init()函数
        while(1);                           //空循环，程序暂停
    }

    void uart_init()                        //定义串行口初始化函数
    {
        SCON=0x52;
        TMOD=0x20;
        TH1=0xf3;
        TR1=1;
    }

    void print_star()                       //定义 print_star()函数
    {
        printf("**************************************\n");
    }

    void print_message()                    //定义 print_message()函数
    {
        printf("    Hello!  My  name  is   C  program.\n");
    }
```

打开 Keil 软件，按上机调试与运行步骤调试运行程序，其运行显示结果如图 6-2 所示。

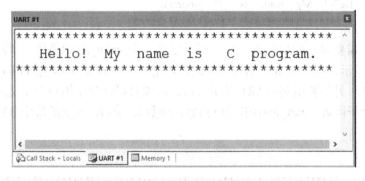

图 6-2　运行显示结果

程序说明：在上面这段程序中，由于 uart_init()函数、print_star()函数和 print_message()函数都放在 main()主函数后面定义，所以在主函数里加上了对这三个函数的声明。

为了使程序更加简洁，可以将 uart_init()函数、print_star()函数和 print_message()函数放在 main()函数之前定义，这样就可以省去对这三个函数的声明，源程序可以改写成如下形式。

```
/****************************************************************
 * @ File:       chapter 6-1-2.c
 * @ Function:    用函数调用实现信息显示
 ****************************************************************/
#include <reg51.h>                          //预处理命令
#include <stdio.h>
```

```
void uart_init()                            //定义串行口初始化函数
{
    SCON=0x52;
    TMOD=0x20;
    TH1=0xf3;
    TR1=1;
}
void print_star()                           //定义 print_star()函数
{
    printf("*************************************\n");
}
void print_message()                        //定义 print_message()函数
{
    printf("   Hello!  My  name  is   C  program.\n");
}
void main()                                 //定义主函数
{
    uart_init()   ;                         //调用 uart_init()函数
    print_star();                           //调用 print_star()函数
    print_message();                        //调用 print_message()函数
    print_star();                           //调用 print_star()函数
    while(1);                               //空循环，程序暂停
}
```

该程序运行结果与前面的程序运行结果一致。

## 任务 6.2：用函数调用实现比较两数大小

**要求**：找两个整数中的较大数，要求用函数调用方法实现。

**编程思路**：将两个数的比较、找较大的数单独写成一个 max()函数，在 main()函数中调用它就可以了。

**源程序如下：**

```
/*******************************************************************
* @ File:    chapter 6-2.c
* @ Function:   用函数调用实现找两个整数中的较大数
*******************************************************************/
#include <reg51.h>                          //预处理命令
#include <stdio.h>
void uart_init()                            //定义串行口初始化函数
{
    SCON = 0x52;
    TMOD = 0x20;
    TH1 = 0xf3;
    TR1 = 1;
}
int max(int x, int y)                       //定义 max()函数
{
```

```
        int z;                              //定义变量 z
        z = x>y ? x : y;                    //条件运算符判断
        return(z);                          //带函数值 z 返回
    }
    void main( )                            //定义主函数
    {
        int a,b,c;                          //定义变量 a、b、c
        uart_init() ;                       //调用 uart_init()函数
        printf("please input a and b:\n");  //输出提示信息
        scanf("%d,%d",&a,&b);               //输入变量 a、b
        c=max(a,b);                         //调用 max()函数，将得到的最大值赋给 c
        printf("max=%d\n",c);               //输出 c
        while(1);                           //空循环，程序暂停
    }
```

打开 Keil 软件，按上机调试与运行步骤调试运行程序，其运行显示结果如图 6-3 所示。

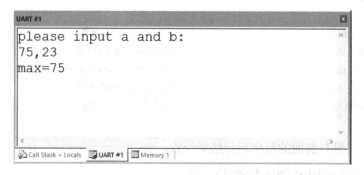

图 6-3　运行显示结果

## 任务 6.3：用函数调用实现求两整数的和

**要求**：求两个整数之和。要求用函数调用方法实现。

**编程思路**：将两个数的求和单独写成一个 add()函数，在 main()函数中调用它就可以了。

**源程序如下**：

```
/******************************************************************
 * @ File:      chapter 6-3.c
 * @ Function:    用函数调用实现求两整数的和
 ******************************************************************/
#include <reg51.h>                          //预处理命令
#include <stdio.h>
void uart_init()                            //定义串行口初始化函数
{
    SCON=0x52;
    TMOD=0x20;
    TH1=0xf3;
    TR1=1;
}
```

```
int add(int x,int y)                          //定义 add()函数
{
    int z;
    z=x+y;
    return(z);
}
void main()                                   //定义主函数
{
    int a,b,sum;                              //输入变量
    uart_init() ;                             //调用 uart_init()函数
    printf("Please input a and b:\n");        //输出提示信息
    scanf("%d,%d",&a,&b);                     //输入变量
    sum=add(a,b);                             //调用 add()函数
    printf("sum is %d\n",sum);                //输出 sum
    while(1);                                 //空循环，程序暂停
}
```

打开 Keil 软件，按上机调试与运行步骤调试运行程序，其运行显示结果如图 6-4 所示。

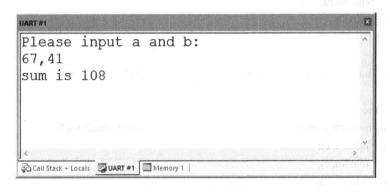

图 6-4  运行显示结果

## 任务 6.4：用函数嵌套调用实现找五个整数中的最大和最小数

**要求：** 输入五个整数，找出其中的最大数和最小数。要求用函数嵌套调用方法实现。

**编程思路：** 函数嵌套调用是指在调用一个函数的过程中，又调用另一个函数。在这里首先定义两个数中找大数子函数 max2() 和找小数子函数 min2()，然后定义五个数中找最大数子函数 max5() 和找最小数子函数 min5()，在 max5() 和 min5() 子函数中再反复调用 max2() 和 min2() 子函数即可。

**源程序如下：**

```
/************************************************************
* @ File:     chapter 6-4-1.c
* @ Function： 用函数嵌套调用实现找五个整数中的最大数和最小数
************************************************************/
#include <reg51.h>                            //预处理命令
#include <stdio.h>
void main()                                   //定义主函数
```

```
    {
        void uart_init();                                //声明 uart_init()函数
        int max5(int a, int b, int c, int d, int e);     //声明 max5()函数
        int min5(int a, int b, int c, int d, int e);     //声明 min5()函数
        int a, b, c, d, e, max, min;                     //定义变量
        uart_init();                                     //调用 uart_init()函数
        printf("Please input 5 interger numbers:\n");    //输出提示信息
        scanf("%d,%d,%d,%d,%d", &a, &b, &c, &d, &e);     //输入变量
        printf("\n");                                    //换行
        max = max5(a, b, c, d, e);                       //调用 max5()函数
        min = min5(a, b, c, d, e);                       //调用 min5()函数
        printf("max=%d\nmin=%d", max, min);              //输出 max、min
        while (1);                                       //空循环，程序暂停
    }
    void uart_init()                                     //定义串行口初始化函数
    {
        SCON=0x52;
        TMOD=0x20;
        TH1=0xf3;
        TR1=1;
    }
    int min5(int a, int b, int c, int d, int e)          //定义 min5()函数
    {
        int n;
        int min2(int a, int b);                          //声明 min2()函数
        n = min2(a, b);
        n = min2(n, c);
        n = min2(n, d);
        n = min2(n, e);
        return(n);
    }
    int max5(int a, int b, int c, int d, int e)          //定义 max5()函数
    {
        int m;
        int max2(int a, int b);                          //声明 max2()函数
        m = max2(a, b);
        m = max2(m, c);
        m = max2(m, d);
        m = max2(m, e);
        return(m);
    }
    int max2(int a, int b)                               //定义 max2()函数
    {
        if (a >= b)
            return a;
        else
```

```
            return b;
    }
    int min2(int a, int b)                              //定义 min2()函数
    {
        if (a <= b)
            return a;
        else
            return b;
    }
```

打开 Keil 软件，按上机调试与运行步骤调试运行程序，其运行显示结果如图 6-5 所示。

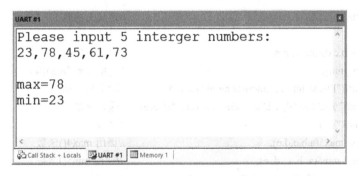

图 6-5 运行显示结果

程序说明：

为了使程序更加简洁，可以将 max2()函数和 min2()函数整体改为只用一个 return 语句（return(a<=b?a:b);），返回一个条件表达式的值。同时，在 max5()函数和 min5()函数中连续 4 次调用 max2()函数和 min2()函数，也可以只用一个 return 语句写成一行，这样程序将更加精练、易读，输入也更加快捷。源程序可以改写成如下形式。

```
/*****************************************************************
* @ File:     chapter 6-4-2.c
* @ Function： 用函数嵌套调用实现找五个整数中的最大数和最小数
*****************************************************************/
#include <reg51.h>                                  //预处理命令
#include <stdio.h>
void uart_init()                                    //定义 uart_init()函数
{
    SCON=0x52;
    TMOD=0x20;
    TH1=0xf3;
    TR1=1;
}
int max2(int a,int b)                               //定义 max2()函数
{
    return(a>b?a:b);
}
int min2(int a, int b)                              //定义 min2()函数
```

```
    {
        return(a<=b?a:b);
    }
    int max5(int a, int b, int c, int d, int e)                //定义 max5()函数
    {
        return max2(max2(max2(max2(a,b),c),d),e);
    }
    int min5(int a, int b, int c, int d, int e)                //定义 min5()函数
    {
        return min2(min2(min2(min2(a, b), c), d), e);
    }
    void main()                                                //定义主函数
    {
        int a,b,c,d,e,max,min;                                 //定义变量
        uart_init();                                           //调用 uart_init()函数
        printf("Please input 5 interger numbers:\n");          //输出提示信息
        scanf("%d,%d,%d,%d,%d", &a, &b, &c, &d, &e);           //输入变量
        printf("\n");                                          //换行
        max=max5(a,b,c,d,e);                                   //调用 max4()函数
        min = min5(a, b, c, d, e);                             //调用 min5()函数
        printf("max=%d\nmin=%d", max, min);                    //输出 max、min
        while (1);                                             //空循环，程序暂停
    }
```

该程序运行结果与前面的程序运行结果一致。

## 任务 6.5：用函数调用实现闰年判断

**要求**：编写一段程序，判断 2015～2025 年中，哪些年是闰年，哪些年不是闰年。要求用函数调用方法实现。

**编程思路**：在项目任务 4.6 的基础上，将闰年判断直接写成一个名为 leap_year()的子函数形式，再在主函数中调用该函数即可。

**源程序如下**：

```
/**********************************************************************
 * @ File：     chapter 6-5.c
 * @ Function：  用函数调用实现闰年判断
 **********************************************************************/
#include <reg51.h>                                  //预处理命令
#include <stdio.h>
int year=2015;                                      //定义变量并赋初值
void uart_init()                                    //定义串行口初始化函数
{
    SCON=0x52;
    TMOD=0x20;
    TH1=0xf3;
    TR1=1;
```

```
    }
    void leap_year()                          //定义闰年判断函数
    {
        if(year%4==0&&year%100!=0||year%400==0)
        {
            printf("%d 是闰年\n",year);
            year++;
        }
        else
        {
            printf("%d 不是闰年\n",year);
            year++;
        }
    }
    void main()                               //定义主函数
    {
        uart_init() ;                         //调用 uart_init()函数
        while(1)                              //大循环
        {
            if(year<=2025)                    //若年份为 2015～2025 则进行判断
            {
                leap_year();                  //调用 leap_year()函数
            }
            else
            {
                printf("查询完毕");
                while (1);
            }
        }
    }
```

打开 Keil 软件，按上机调试与运行步骤调试运行程序，其运行显示结果如图 6-6 所示。

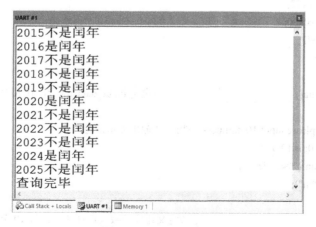

图 6-6　运行显示结果

## 任务 6.6：用函数调用实现排序

**要求：** 输入 10 个整数，用选择法将它们按由大到小的顺序排序，并找出其中的最大数和最小数。要求用函数调用方法实现。

**编程思路：** 在项目任务 5.1 的基础上，将数据的输入、数据的输出、选择法排序判断以及最大数和最小数的查找分别写成子函数形式，在主函数中直接调用这些函数即可。以下是选择法的排序思路。

先通过比较找到 10 个数中的最大数，与 a[0]元素进行交换，将最大的数排在第一位，完成第一趟比较；然后从剩下的 9 个数中找到第二大的数，与 a[1]元素进行交换，将第二大的数排在第二位，完成第二趟比较；以此类推，通过 9 趟比较就能将 10 个数按顺序排出。

以下面 5 个数为例说明选择法排序过程，如图 6-7 所示。

```
6   15   34   78   19      原始数据位置
78  15   34    6   19      第一趟排序位置（78 与 6 交换）
78  34   15    6   19      第二趟排序位置（34 与 15 交换）
78  34   19    6   15      第三趟排序位置（19 与 15 交换）
78  34   19   15    6      第四趟排序位置（15 和 6 交换）
```

图 6-7   选择法排序过程

**源程序如下：**

```c
/***********************************************************************
* @ File:     chapter 6-6.c
* @ Function：用函数调用实现 10 个数按由大到小顺序排序，并找出最大数和最小数
***********************************************************************/
#include <reg51.h>                    //预处理命令
#include <stdio.h>
int i,j,t,num, max, min ,a[10];       //定义全局变量和数组
void uart_init()                      //定义串行口初始化函数
{
    SCON=0x52;
    TMOD=0x20;
    TH1=0xf3;
    TR1=1;
}
void input_data()                     //定义 input_data()函数，输入 10 个数
{
    printf("please input 10 numbers :\n");   //输出提示信息
    for (i = 0; i<10; i++)
        scanf("%d", &a[i]);
    printf("\n");
}
void px()                             //定义排序函数（选择法），将 10 个数按从大到小排序
{
    for (i = 0; i < 9; i++)           //外层 for 循环进行 n-1 趟比较
```

```
        {
            max = i;                           //大数下标先为初始下标
            for (j = i+1; j<10; j++)           //内层 for 循环找出 10 个数中的大数
            if (a[j]>a[max])                   //如果 a[j]更大，则交换两数
                max = j;                       //记下大数下标
            t = a[max];
            a[max] = a[i];
            a[i] = t;                          //将大数与 a[i]交换
        }
}
void output_data()                            //定义 output_data()函数，输出排序结果
{
    for(i=0;i<10;i++)
    {
        printf("%d",a[i]);
        printf("  ");                         //输出空格
    }
}
void output_max_min()                         //定义 output_max_min()函数，输出最大数与最小数
{
    printf("\n");
    printf("Max:%d\n",a[0]);
    printf("Min:%d\n",a[9]);
}
void main()                                   //定义主函数
{
    uart_init();                              //调用 uart_init()函数
    while(1)                                  //大循环
    {
        input_data();                         //调用 input_data()函数
        px();                                 //调用 px()函数
        output_data();                        //调用 output_data()函数
        output_max_min();                     //调用 output_max_min()函数
    }
}
```

打开 Keil 软件，按上机调试与运行步骤调试运行程序，其运行显示结果如图 6-8 所示。

```
UART #1                                                              ×
please input 10 numbers :
45 89 66 -71 34 97 -12 134 -57 82

134  97  89  82  66  45  34  -12  -57  -71
Max:134
Min:-71
please input 10 numbers :

Disassembly  Call Stack + Locals  UART #1  Memory 1
```

图 6-8　运行显示结果

### 任务 6.7：用函数调用实现求 10 个整数平均值

**要求**：求 10 个整数的平均值，要求用函数调用方法实现。

**源程序如下：**

```
/***********************************************************
 * @ File：    chapter 6-7.c
 * @ Function：   用函数调用实现求 10 个整数平均值
 ***********************************************************/
#include <reg51.h>                          //预处理命令
#include <stdio.h>
int a[10],i,aver;                           //定义全局变量和数组
void uart_init()                            //定义串行口初始化函数
{
    SCON=0x52;
    TMOD=0x20;
    TH1=0xf3;
    TR1=1;
}
void input_data()                           //定义 input_data()函数，输入 10 个数
{
    printf("please input 10 numbers :\n");  //输出提示信息
    for (i = 0; i<10; i++)
        scanf("%d", &a[i]);
    printf("\n");
}
int average(int b[])                        //定义 average()函数，求 10 个数平均值
{
    int aver1,sum=0;
    for(i=0;i<10;i++)
        sum=sum+b[i];
    aver1=sum/10;
    return(aver1);
}
void main()                                 //定义主函数
{
    uart_init() ;                           //调用 uart_init()函数
    input_data();                           //调用 input_data()函数
    aver=average(a);                        //调用 average()函数
    printf("average number is %d\n",aver);  //输出结果
    while(1);                               //空循环，程序暂停
}
```

程序说明：数组名可做函数的实参和形参，做实参时传递的是数组的第一个元素的地址。在上面的程序段中，定义了一个有参函数 average()，形参是数组 int b[]（形参数组可以不指定大小）。在主调函数中调用 average()函数时，实参（数组名 a）传递的是数组 int a[10]的第

一个元素的地址，也就是 a[0]元素的地址，因此，形参数组首元素（b[0]）和实参数组首元素（a[0]）具有同一个地址，它们共同占用同一个存储单元，a[0]和 b[0]具有相同的值。由此可知，a[n]和 b[n]具有相同的值。实际上，在函数中对数组 b[i]的操作就是对数组 a[i]的操作。

打开 Keil 软件，按上机调试与运行步骤调试运行程序，其运行显示结果如图 6-9 所示。

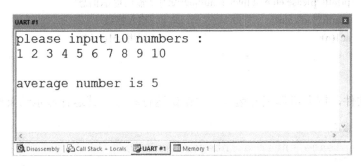

图 6-9 运行显示结果

## 任务 6.8：用函数调用实现素数判断

**要求**：输入一个大于 3 的整数，判断它是否为素数。要求用函数调用方法实现。

**源程序如下**：

```
/************************************************************
* @ File:     chapter 6-8-1.c
* @ Function:    用函数调用实现素数判断
*************************************************************/
#include<reg51.h>                          //预处理命令
#include<stdio.h>
void uart_init()                           //定义串行口初始化函数
{
    SCON = 0x52;
    TMOD = 0x20;
    TH1 = 0xf3;
    TR1 = 1;
}
void sc1(int x)                            //定义有参函数 sc1()，判断输入的数是否为素数
{
    int i;
    for (i=2;i<=x-1;i++)                   //for 循环
        if(x%i==0)
            break;
    if(i<x)
        printf("%d is not a prime number.\n",x);   //循环结束后检查 i
    else
        printf("%d is a prime number.\n",x);//i=x
}
void main()                               //定义主函数
{
```

```
        int n;                              //定义变量
        uart_init();                        //调用 uart_init()函数
        while (1)                           //大循环
        {
            printf("please enter a integer number:\n"); //输出提示信息
            scanf("%d",&n);                 //输入整数
            sc1(n);                         //调用 sc1()函数
        }
    }
```

打开 Keil 软件，按上机调试与运行步骤调试运行程序，其运行显示结果如图 6-10 所示。

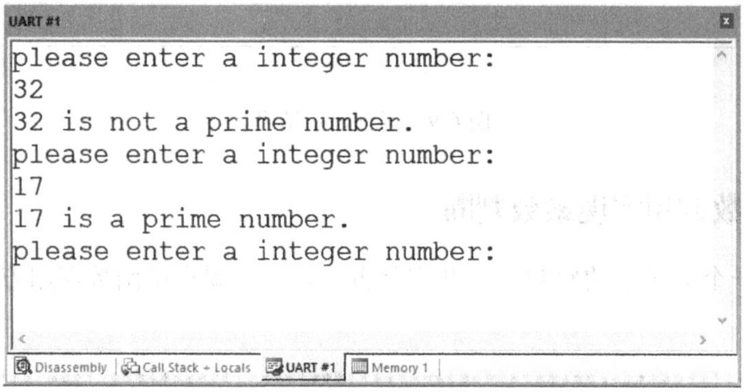

UART #1

```
please enter a integer number:
32
32 is not a prime number.
please enter a integer number:
17
17 is a prime number.
please enter a integer number:
```

📇 Disassembly  📇 Call Stack + Locals  📄 UART #1  📄 Memory 1

图 6-10　运行显示结果

也可以将 sc1()子函数写成一个无参函数，把输入的整数 n 定义成一个全局变量，在主函数和 sc1()函数中都有效。

源程序如下：

```
/************************************************************
* @ File:      chapter 6-8-2.c
* @ Function:      用函数调用实现素数判断
************************************************************/
#include<reg51.h>                          //预处理命令
#include<stdio.h>
int n;                                     //定义全局变量
void uart_init()                           //定义串行口初始化函数
{
    SCON = 0x52;
    TMOD = 0x20;
    TH1 = 0xf3;
    TR1 = 1;
}
void sc1()                                 //定义无参函数 sc1()，判断输入的数是否为素数
{
    int i;                                 //定义变量
    for (i = 2; i <= n - 1; i++)           //for 循环
        if (n%i == 0)
```

```
                    break;
            if (i<n)
                printf("%d is not a prime number.\n", n);   //循环结束后检查 i
            else
                printf("%d is a prime number.\n", n);        //i=n
}
void main()                                       //定义主函数
{
        uart_init();                              //调用 uart_init()函数
        while (1)                                 //大循环
        {
                printf("please enter a integer number:\n");//输出提示信息
                scanf("%d", &n);                  //输入整数
                sc1();                            //调用 sc1()函数
        }
}
```

程序运行结果与前面程序运行结果相同。

## 任务 6.9：用函数调用实现输出九九乘法表

**要求：** 在屏幕上输出九九乘法表。要求用函数调用方法实现。

**编程思路：** 由九九乘法表可知，九九乘法表的特点是一共有九行，每行的式子个数与其所在第几行相一致。例如，第一行只有一个式子（1×1=1），第二行有两个式子（1×1=1，1×2=2），第三行有三个式子（1×1=1，1×2=2，1×3=3）⋯每行的式子与其所在的行和列都有关系。假设现在要输出的是第 x 行，则可用如下程序段实现：

```
for (y = 1; y <= x; y++)
{
    z = y*x;
    printf("%d×%d=%d ", x, y, z);
}
```

在此基础上，再给上述程序段加一层外循环：

```
for (x = 1; x <= 9; x++)
{
    for (y = 1; y <= x; y++)
    {
        z = y*x;
        printf("%d×%d=%d ", x, y, z);
    }
    printf("\n");
}
```

每执行一次内循环，就输出了乘法表中相应的行式。二重 for 循环执行完后，也就得到了整个九九乘法表。

**源程序如下：**

```
/*****************************************************************
* @ File:    chapter 6-9.c
* @ Function:    用函数调用实现输出九九乘法表
*****************************************************************/
#include <reg51.h>                          //预处理命令
#include <stdio.h>
void uart_init()                            //定义串行口初始化函数
{
    SCON = 0x52;
    TMOD = 0x20;
    TH1 = 0xf3;
    TR1 = 1;
}
void Cfb_99()                               //定义乘法方式输出九九乘法表
{
    int x = 0, y = 0, z = 0;                //x: 被乘数; y: 乘数; z: 商
    for (x = 1; x <= 9; x++)                //被乘数 1 至 9
    {
        for (y = 1; y <= x; y++)            //乘数因被乘数的变化而变化
        {
            z = y*x;                        //计算
            printf("%d×%d=%d ", x, y, z);   //输出
        }
        printf("\n");                       //退出循环后换行
    }
}
void main()                                 //定义主函数
{
    uart_init();                            //调用 uart_init()函数
    Cfb_99();                               //调用 Cfb_99()函数
    while (1);                              //空循环，程序暂停
}
```

打开 Keil 软件，按上机调试与运行步骤调试运行程序，其运行显示结果如图 6-11 所示。

```
UART #1                                                          ×
1×1=1
2×1=2  2×2=4
3×1=3  3×2=6  3×3=9
4×1=4  4×2=8  4×3=12  4×4=16
5×1=5  5×2=10  5×3=15  5×4=20  5×5=25
6×1=6  6×2=12  6×3=18  6×4=24  6×5=30  6×6=36
7×1=7  7×2=14  7×3=21  7×4=28  7×5=35  7×6=42  7×7=49
8×1=8  8×2=16  8×3=24  8×4=32  8×5=40  8×6=48  8×7=56  8×8=64
9×1=9  9×2=18  9×3=27  9×4=36  9×5=45  9×6=54  9×7=63  9×8=72  9×9=81

Disassembly  Call Stack + Locals  UART #1  Memory 1
```

图 6-11　运行显示结果

## 任务 6.10：输出 1 到 5 的阶乘值

**要求：** 输出 1 到 5 的阶乘值。

**编程思路：** 编写一个子函数用来进行连乘即可。

**源程序如下：**

```
/************************************************************
* @ File：     chapter 6-10.c
* @ Function：    输出 1 到 5 的阶乘值
************************************************************/
#include <reg51.h>                        //预处理命令
#include <stdio.h>
void uart_init()                          //定义串行口初始化函数
{
    SCON = 0x52;
    TMOD = 0x20;
    TH1 = 0xf3;
    TR1 = 1;
}
int jc(int n)                             //定义 jc()函数
{
    static int x = 1;                     //定义变量 x 为静态存储变量并初始化
    x = x*n;                              //连乘
    return(x);                            //带连乘值返回
}
void main()                               //定义主函数
{
    int i;                                //定义变量
    uart_init();                          //调用 uart_init()函数
    for (i = 1; i <= 5; i++)
        printf("%d!=%d\n", i, jc(i));     //输出
    while (1);                            //空循环，程序暂停
}
```

打开 Keil 软件，按上机调试与运行步骤调试运行程序，其运行显示结果如图 6-12 所示。

图 6-12　运行显示结果

程序说明：在 jc()函数中定义了一个静态存储变量 x 并赋初值为 1，这样，每次调用完 jc()函数后，变量 x 的值便是本次调用结束时的连乘值；下一次调用 jc()函数时，在完成连乘后再次保留调用结束时的连乘值，为再下一次连乘做准备。若将变量 x 定义为基本整型，即 int x=1，则结果将出错。请读者在调试程序时自己试试。

## 任务 6.11：多文件形式实现学生分数等级判断

**要求：**请参考附录 B，以多文件形式编程实现项目任务 3.7 中的学生分数等级判断。

**编程思路：**在项目任务 3.7 的基础上，先编写一个名为 uart_init.c 的串行口初始化源程序文件，然后将各个功能模块写成子函数形式，放在一个名为 score_grade.c 的源程序文件中，同时建立一个名为 main.c 的主函数文件，在 main.c 中调用 uart_init.c 和 score_grade.c 源程序文件。另外编写 2 个分别名为 uart_init.h 和 student.h 的头文件，该头文件的功能是声明各个子函数模块，最后将这 2 个头文件（uart_init.h、student.h）分别包含到源程序文件 main.c 和 score_grade.c 中即可。

**源程序文件和头文件如下。**

（1）源程序文件 main.c 如下：

```
/*************************************************************
*@File       chapter 6-11.c
*@Function   多文件形式实现学生分数等级判断
*************************************************************/
#include<reg51.h>                    //预处理命令
#include<stdio.h>
#include<student.h>
#include<uart_init.h>
int score, grade;                    //定义变量
void main()                          //定义主函数
{
    uart_init();                     //调用串行口初始化函数，打开串口
    while(1)                         //大循环
    {
        printf("please input Your score:");   //输出提示信息
        scanf("%d", &score);         //输入分数
        pd();                        //调用 pd()函数
        xz();                        //调用 xz()函数
    }
}
```

（2）源程序文件 score_grade.c 如下：

```
#include<stdio.h>
#include<student.h>
extern grade,score;                  //声明外部变量
void pd()                            //定义 pd()函数，根据输入的成绩判断分数所对应的等级
{
    grade = 0;
    if (score<60)
```

```
        {
            grade = 5;
        }
        if (score >= 60 && score <= 69)
        {
            grade = 4;
        }
        if (score >= 70 && score <= 79)
        {
            grade = 3;
        }
        if (score >= 80 && score <= 89)
        {
            grade = 2;
        }
        if (score >= 90 && score <= 100)
        {
            grade = 1;
        }
    }
}
void xz()                              //定义 xz()函数，选择输出分数等级
{
    switch (grade)
    {
    case 1 : printf("A,90~100\n");break;
    case 2 : printf("B,80~89\n");break;
    case 3 : printf("C,70~79\n");break;
    case 4 : printf("D,60~69\n");break;
    case 5 : printf("E,<60\n");break;
    default:printf("data error！\n");
    }
}
```

（3）源程序文件 uart_init.c 如下：

```
#include<reg51.h>                  //预处理命令
void uart_init()                    //定义串行口初始化函数
{
    SCON = 0x52;
    TMOD = 0x20;
    TH1 = 0xf3;
    TR1 = 1;
}
```

（4）头文件 student.h 如下：

```
#ifndef __student_h__
#define __student_h__
```

```
    void xz();
    void pd();
    #endif
```

（5）头文件 uart_init.h 如下：

```
    #ifndef __uart_init_h__
    #define __uart_init_h__
    void uart_init() ;
    #endif
```

打开 Keil 软件，将源程序文件 main.c、score_grade.c 和 uart_init.c 分别添加到工程项目下，按上机调试与运行步骤调试运行程序，其运行显示结果如图 6-13 所示。

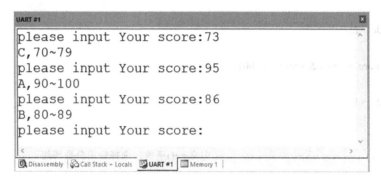

图 6-13　运行显示结果

# 6.7　工程应用——霓虹灯控制（2）

## 1. 任务描述

要求用 C 语言编写一段延时函数，采用键盘、C 语言工程应用仿真实验板，让 8 个 LED 灯循环点亮，实现霓虹灯循环点亮控制的功能。

## 2. 编写 C 程序

**编程思路**：在 5.5 工程应用——霓虹灯控制（1）的基础上，将程序段二重 for 循环延时功能部分写成一个延时子函数形式，在主函数中调用该函数即可。延时子函数可以写成无参函数形式，也可以写成有参函数形式。

（1）无参函数形式

```
    void delayms()              //延时子函数
    {
        uint i, j;
        for (i = 1000; i>0; i--)
            for (j = 110; j>0; j--);
    }
```

（2）有参函数形式

```
void delayms(uint xms)        //延时 xms 子函数
{
    uint i, j;
    for (i = xms; i>0; i--)
        for (j = 110; j>0; j--);
}
```

源程序如下：

```
/**************************************************************************
* @ File:      chapter 6-12.c
* @ Function：  霓虹灯控制（2）
**************************************************************************/
#include <reg51.h>                                //预处理命令
#define uint unsigned int
#define uchar unsigned char
uchar code Led_style[] = { 1, 3, 7, 15, 31, 63, 127, 255 };   //定义一维数组霓虹灯花样
void delayms(uint xms)                            //延时 xms 子函数
{
    uint i, j;
    for (i = xms; i>0; i--)
        for (j = 110; j>0; j--);
}
void main()                                       //定义主函数
{
    uchar num;                                    //定义下标变量
    while (1)                                      //大循环
    {
        for (num = 0; num<8; num++)                //for 循环控制
        {
            P1 = ~Led_style[num];                 //取花样代码求反
            delayms(1000);                         //调用延时函数
        }
    }
}
```

## 3. 上机调试与仿真

（1）打开 Keil 软件，建立工程。

（2）输入源程序，使源程序编译连接正确。

（3）打开 C 语言工程应用仿真实验板，设置联调。

（4）单击 Keil 软件中的"Debug"按钮，使 Proteus 进入调试状态。

（5）采用单步（Step）或连续（Run）执行键运行程序，其仿真结果如图 6-14 所示。

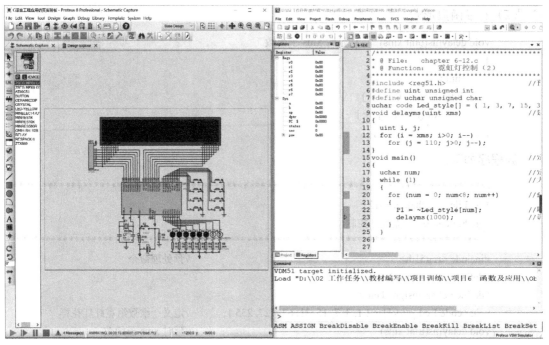

图 6-14　仿真结果

 归纳与总结

　　函数是 C 语言程序的主要组成部分，在一个源程序文件中包含若干个函数（其中必有一个且唯一有一个 main()函数）。读者需要熟练掌握函数分类、用户自定义函数的定义和调用方法。函数调用时由主调函数提供实参给被调函数的形参，被调函数执行完毕后返回值给主调函数。在 C 语言中，允许函数嵌套调用。在 C 语言程序中出现的形参、实参变量的作用域和存储类型都有所不同。在本项目的最后，通过用 C 语言编程实现霓虹灯控制，使读者进一步认识了函数在工程中的实际应用。

 练习题

　　1．请上机调试，完成本项目任务 6.1～任务 6.11。
　　2．现有以下图案，要求编程实现以下功能。

　　（1）输出图案。
　　（2）找出是否有关键字"＄"，若有，则显示"找到了"信息，并显示其所在的行号和列号。

（3）求出"*"的个数。

3．输入 10 个整数，用选择法将它们按由大到小的顺序排序。要求用函数调用方法实现。

4．请参考附录 B，以多文件形式编程，在屏幕上输出九九乘法表。

5．请参考附录 B，以多文件形式编程，求 10 个整数的和。

6．请参考附录 B，以多文件形式编程，用二维数组定义霓虹灯花样，采用二重 for 循环实现霓虹灯跑马灯花样控制。

# 项目 7　指针及应用

**教学目的**

- 掌握指针、指针变量的概念；
- 掌握指针变量的定义及引用方法；
- 掌握与指针相关的运算符的使用方法；
- 掌握变量的访问方式；
- 掌握通过指针引用数组的方法；
- 掌握通过指针引用字符串的方法。

**重点和难点**

- 指针变量的定义及引用方法；
- 取地址运算符（&）和取内容运算符（*）的使用方法；
- 指针在 C 程序中的典型应用。

 **项目任务**

任务 7.1：用指针实现大、小写字母转换

任务 7.2：用指针实现闰年判断

任务 7.3：用指针实现求两个整数中的较大数

任务 7.4：用指针实现将两个整数按由小到大的顺序排序

任务 7.5：用指针实现将 10 个整数按由小到大的顺序排序

 **相关知识**

指针是 C 语言中的一个重要概念，它是 C 语言的一大特色，是 C 语言的精华。正确而灵活地使用指针，可以使程序更加简洁、高效、紧凑。所以要想学好 C 语言，就必须花功夫掌握指针的用法。

## 7.1　指针及指针变量

什么是指针？指针就是地址。

什么是指针变量？指针变量就是用来存放地址的变量。

计算机中的内存单元都是编址的，每个地址都有一个编号，就像每个公民都有一个身份证号码，每个学生都有一个学号，每个家庭都有一个通信地址一样。

如果在程序中定义了一个变量，系统在对程序进行编译时，会给这个变量分配内存单元，每个内存单元都有一个编号，即地址。在计算机语言中，如果通过地址能找到所需的变量单元，那么可以说，地址指向该变量单元。因此，将地址形象地称为"指针"，意思是通过它能找到以它为地址的内存单元。当指针指向某个变量时，这个指针里就存放了那个变量的地址，同时可以利用指针直接取变量中的值。

　　一个变量的地址称为该变量的指针，用来存放另外一个变量的地址的变量称为"指针变量"。要注意的是，指针变量是一种特殊变量，它不同于一般的变量，一般变量存放的是数据本身，而指针变量用来存放另外一个变量的地址，即指针变量指向另外一个变量。指针变量与一般变量一样，在使用前都必须先定义，然后才能使用。

　　定义指针变量的一般形式为

　　　　类型名　*指针变量名;

　　① 类型名：指在定义指针变量时，必须指定指针变量所指向的变量的数据类型（如 int、char、float 等）。

　　② 指针变量名：指针变量的名称，它前面的"*"表示该变量的类型为指针型，即其所定义的变量是指针变量，专门用来存放另外一个变量的地址。例如：

　　　　int　*p1;

表示定义了一个指向整型数据变量的指针变量 p1，p1 只能用来存放某个整型数据变量的地址。

　　　　char　*p2;

表示定义了一个指向字符型数据变量的指针变量 p2，p2 只能用来存放某个字符型变量的地址。

## 7.2　指针运算符

　　在 C 语言中，专门提供了两个与指针相关的运算符，用于取地址和取内容运算。

　　（1）取地址运算符&：取地址运算是指取某个变量的地址，&a 代表取 a 变量的地址，&b 代表取 b 变量的地址。其用途是将某个变量的地址赋给指针变量。例如：

　　　　p1=&a;
　　　　p2=&b;

其作用是取 a 变量的地址赋值给指针变量 p1，p1 指向 a；取 b 变量的地址赋值给指针变量 p2，p2 指向 b。

　　（2）取内容运算符*：在执行语句时，*p1 代表取指针变量 p1 所指向的变量的值。例如，如果在程序中已执行语句：

　　　　p1=&a;

则

　　　　printf("%d", *p1);

其作用是以整型数据形式输出指针变量 p1 所指向的变量的值，即输出变量 a 的值。也就是等价于：

```
printf ("%d", a);
```

利用指针运算符，可以在定义指针变量的同时对它进行初始化。例如：

```
int  *p = &a;
```

表示定义了一个指向整型数据变量的指针变量 p，同时将整型变量 a 的地址赋值给指针变量 p。

## 7.3　变量的访问方式

可以通过两种方式访问变量，一种是直接访问方式，另一种是间接访问方式。

（1）直接访问方式：直接按变量名（如 a）访问的称为直接访问方式。例如：

```
int a;          //定义整型变量 a
a=5;            //将 5 直接赋值给整型变量 a
```

（2）间接访问方式：将变量（如 a）的地址存放在另一个指针变量（如 p）中，然后通过该指针变量找到变量所在地址，从而访问变量本身。例如：

```
int  *p;        //定义指针变量 p
p=&a;           //取 a 变量的地址赋值给 p
*p=5;           //将 5 赋值给指针变量 p 所指向的变量（即 a）
```

## 7.4　指　针　运　算

（1）数组元素的指针

指针变量既可以指向变量，也可以指向数组元素，即数组元素的指针其实就是数组元素的地址。可以先把数组中某一个元素的地址赋给一个指针变量，这样的话，指针变量就指向这个数组元素。例如：

```
int  a[10];     //定义一维数组 a
int  *p;        //定义指针变量 p
p = &a[0];      //把 a[0]元素的地址赋给 p，p 指向数组 a 中的 a[0]
```

在 C 语言中，数组名代表数组中首元素的地址。因此，下面两条语句等价，其含义是指针变量 p 指向数组 a 中的首元素 a[0]。

```
int  *p = &a[0];    //定义指针变量 p 并赋初值&a[0]
int  *p = a;        //定义指针变量 p 并赋初值 a
```

（2）指针运算

```
int  a[10];     //定义一维数组 a
int  *p;        //定义指针变量 p
```

如果指针变量 p 已指向数组中的一个元素，则 p+1（p++、++p）代表指向同一数组中的下一个元素，p-1（p--、--p）代表指向同一数组中的上一个元素。

如果 p 的初值是&a[0]，则 p+i 和 a+i 就是数组元素 a[i]的地址。*(p+i)或*(a+i)代表 p+i

或 a+i 所指向的数组元素，即 a[i]。

# 7.5 任 务 实 现

## 任务 7.1：用指针实现大、小写字母转换

**要求：**用指针编程实现大写字母转换为小写字母。

**编程思路：**在任务 3.4 的基础上，定义一个指向字符型变量的指针变量，使指针变量指向字符型变量，通过间接访问方式和 if-else 语句判断即可实现大写字母转换为小写字母。

**源程序如下：**

```
/******************************************************************
*@File        chapter 7-1.c
*@Function    用指针实现大写字母转换为小写字母
******************************************************************/
#include <reg51.h>
#include <stdio.h>
void uart_init()                              //定义串行口初始化函数
{
    SCON = 0x52;
    TMOD = 0x20;
    TH1 = 0xf3;
    TR1 = 1;
}
void main()
{
    char ch;                                  //定义字符型变量
    char *p=&ch;                              //定义指针变量 p，指向字符型变量 ch
    uart_init();                              //调用 uart_init()函数，打开显示串口
    printf("please input ch :\n");            //输出提示信息
    scanf(" %c", p);                          //输入一个字符
    printf("\n");                             //换行
    if(*p>='A' && *p<='Z')
        *p=(*p+32);                           //用 if-else 语句判断是否进行转换
    else
        *p=*p;
    printf("%c\n", *p);                       //输出字符
    while (1);                                //空循环，程序暂停
}
```

打开 Keil 软件，按上机调试与运行步骤调试运行程序，其运行显示结果如图 7-1 所示。

```
UART #1                                                    ☒
please input ch :
M
m

Call Stack + Locals    UART #1    Memory 1
```

图 7-1　运行显示结果

## 任务 7.2：用指针实现闰年判断

**要求**：用指针编程实现闰年判断，要求程序能进行无限循环判断。

**编程思路**：在任务 3.9 的基础上，定义一个指针变量，使指针变量指向整型变量年份，通过间接访问方式和逻辑表达式判断是否为闰年，即可实现闰年判断；再通过 for(;;){}循环语句或 while (1){}循环语句就能使程序进行无限循环。

**源程序如下**：

```c
/****************************************************
*@File        chapter 7-2.c
*@Function    用指针实现闰年判断
****************************************************/
#include <reg51.h>
#include <stdio.h>
void uart_init()                                //定义串行口初始化函数
{
    SCON = 0x52;
    TMOD = 0x20;
    TH1 = 0xf3;
    TR1 = 1;
}
void main()
{
    int year;                                   //定义整型变量年份
    int *p;                                     //定义指针变量
    uart_init();                                //调用 uart_init()函数，打开显示串口
    p=&year;                                    //指针变量 p 指向年份
    for (;;)                                    //无限循环
    {
        printf("please input year:\n");         //输出提示信息
        scanf("%d",p);                          //输入年份
        if((*p%4==0&&*p%100!=0)||(*p%400==0))   //闰年判断
            printf("%d is a leap year.\n",*p);  //输出结果
        else
            printf("%d is not a leap year.\n",*p);
```

```
        }
    }
```

打开 Keil 软件，按上机调试与运行步骤调试运行程序，其运行显示结果如图 7-2 所示。

```
UART #1                                                    ✕
please input year:
2020
2020 is a leap year.
please input year:
2021
2021 is not a leap year.
please input year:

 Call Stack + Locals   UART #1   Memory 1
```

图 7-2　运行显示结果

## 任务 7.3：用指针实现求两个整数中的较大数

**要求：** 用指针编程实现求两个整数中的较大数。

**编程思路：** 在任务 3.1 的基础上，在主函数中定义两个指针变量，分别指向对应的两个整型变量；设计一个子函数，有两个指针形参，在这个子函数中通过 if-else 语句判断两个指针形参所指向的变量大小，从而找出大的形参的值；在主函数中调用该子函数，在调用时将两个指针变量做实参进行地址传递即可找到两个整数中的较大数。

**源程序如下：**

```c
/*********************************************************
* @ File：    chapter 7-3.c
* @ Function：   用指针实现求两个整数中的较大数
*********************************************************/
#include <reg51.h>
#include <stdio.h>
void uart_init()                        //定义串行口初始化函数
{
    SCON = 0x52;
    TMOD = 0x20;
    TH1 = 0xf3;
    TR1 = 1;
}
int max(int *pt1, int *pt2)             //定义 max()函数
{
    int max;                            //定义变量 max
    if (*pt1>*pt2)                      //if-else 语句判断
        max =*pt1;
    else
        max = *pt2;
    return(max);                        //带函数值 max 返回
}
```

```
void main()                                    //定义主函数
{
    int a, b, *p1, *p2;                        //定义变量 a、b 及指针变量 p1、p2
    uart_init();                               //调用 uart_init()函数，打开显示串口
    printf("please input a and b:\n");         //输出提示信息
    scanf("%d,%d", &a, &b);                    //输入两个整数
    p1 = &a;                                   //p1 指向 a
    p2 = &b;                                   //p2 指向 b
    printf("max=%d", max(p1, p2));             //调用 max()函数并输出结果
    while (1);                                 //空循环，程序暂停
}
```

打开 Keil 软件，按上机调试与运行步骤调试运行程序，其运行显示结果如图 7-3 所示。

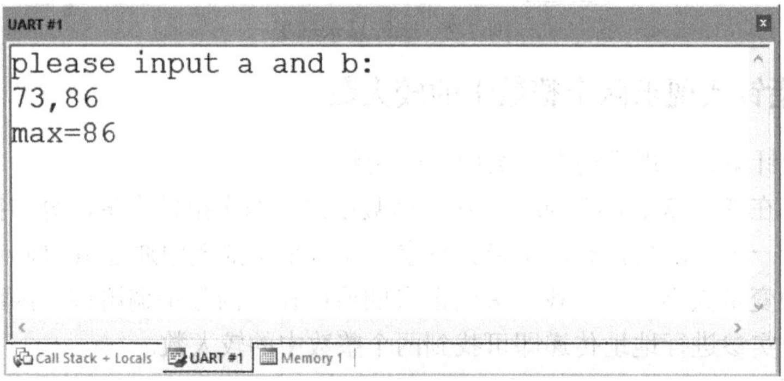

UART #1

```
please input a and b:
73,86
max=86
```

Call Stack + Locals　　UART #1　　Memory 1

图 7-3　运行显示结果

## 任务 7.4：用指针实现将两个整数按由小到大的顺序排序

**要求**：用指针编程实现将两个整数按由小到大的顺序排序。

**编程思路**：在任务 3.2 的基础上，先在主函数中判断两个整型变量的大小，再将设计的子函数的功能由找出较大的数改成两指针形参变量所指向的变量的值互换即可。

**源程序如下**：

```
/******************************************************************
* @ File:     chapter 7-4.c
* @ Function:     用指针实现将两个整数按由小到大的顺序排序
*******************************************************************/
#include <reg51.h>
#include <stdio.h>
void uart_init()                               //定义串行口初始化函数
{
    SCON = 0x52;
    TMOD = 0x20;
    TH1 = 0xf3;
    TR1 = 1;
}
void swap(int *p1, int *p2)                     //定义 swap()函数，完成*p1 和*p2 两数互换
```

```
{
    int t;
    t = *p1;
    *p1 = *p2;
    *p2 = t;
}
void main()                              //定义主函数
{
    int a, b;                            //定义变量 a、b
    int *p1, *p2;                        //定义指针变量 p1、p2
    uart_init();                         //调用 uart_init()函数，打开显示串口
    printf("please input a and b:\n");   //输出提示信息
    scanf("%d,%d", &a, &b);              //输入两个整数
    p1 = &a;                             //p1 指向 a
    p2 = &b;                             //p2 指向 b
    if (a>b)
        swap(p1, p2);                    //如果 a>b，调用 swap()函数
    printf("%d,%d", a, b);               //输出结果
    while (1);                           //空循环，程序暂停
}
```

打开 Keil 软件，按上机调试与运行步骤调试运行程序，其运行显示结果如图 7-4 所示。

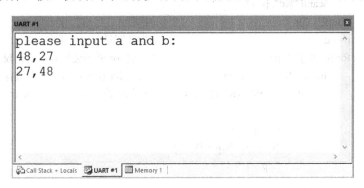

图 7-4　运行显示结果

## 任务 7.5：用指针实现将 10 个整数按由小到大的顺序排序

**要求**：用指针编程实现将 10 个整数按由小到大的顺序排序，要求程序能进行三次循环控制。

**编程思路**：在主函数中定义数组 a 和指针变量 p，使指针变量 p 指向 a[0]，通过 for 循环输入 10 个整数，让指针变量 p 重新指向 a[0]。接下来通过二重 for 循环和数组元素中相关的指针运算，将 10 个整数按由小到大的顺序排序，再一次让指针变量 p 重新指向 a[0]。最后通过 for 循环输出排序的结果即可。

**源程序如下**：

```
/***********************************************************
* @ File：    chapter 7-5.c
```

```
* @ Function：    用指针实现将 10 个整数按由小到大的顺序排序
**************************************************************/
#include <reg51.h>
#include <stdio.h>
void uart_init()                              //定义串行口初始化函数
{
    SCON = 0x52;
    TMOD = 0x20;
    TH1 = 0xf3;
    TR1 = 1;
}
void main()                                   //定义主函数
{
    int i, j, t, *p, a[10];                   //定义变量、指针变量和数组
    int num = 3;                              //设定循环次数
    uart_init();                              //调用 uart_init()函数，打开显示串口
    while (num--)                             //循环三次
    {
        p = a;                                //指针变量 p 指向 a[0]
        printf("please input 10 numberes:\n");//输出提示信息
        for (i = 0; i<10; i++)                //通过 for 循环输入 10 个整数
            scanf("%d", p++);
        printf("\n");                         //换行
        p = a;                                //指针变量 p 重新指向 a[0]
        for (j = 0; j<9; j++)                 //外层 for 循环进行 n-1 趟比较
            for (i = 0; i<9 - j; i++)         //内层 for 循环在每一趟中进行 n-j 次两两比较
                if (*(p + i)>*((p + i) + 1))  //相邻两数比较，若前数大于后数，则互换位置
                {
                    t = *(p + i);
                    *(p + i) = *((p + i) + 1);
                    *((p + i) + 1) = t;
                }
        p = a;                                //指针变量 p 重新指向 a[0]
        for (i = 0; i<10; i++)                //通过 for 循环输出排序后的 10 个数组元素
        {
            printf("%d ", *p);
            printf(" ");                      //输出空格
            p++;
        }
        printf("\n");                         //换行
    }
    while (1);                                //空循环，程序暂停
}
```

打开 Keil 软件，按上机调试与运行步骤调试运行程序，其运行显示结果如图 7-5 所示。

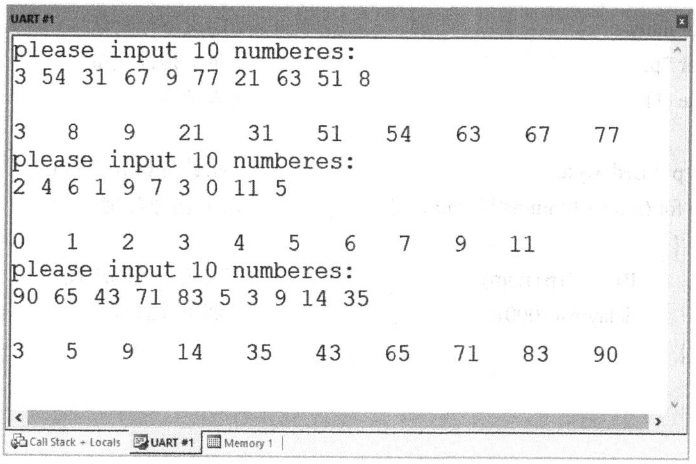

```
UART #1                                                          ✕
please input 10 numberes:
3 54 31 67 9 77 21 63 51 8

3   8   9   21   31   51   54   63   67   77
please input 10 numberes:
2 4 6 1 9 7 3 0 11 5

0   1   2   3   4   5   6   7   9   11
please input 10 numberes:
90 65 43 71 83 5 3 9 14 35

3   5   9   14   35   43   65   71   83   90
◀                                                               ▶
```
🔳Call Stack + Locals  📖UART #1  🖼Memory 1

图 7-5　运行显示结果

# 7.6　工程应用——霓虹灯控制（3）

## 1. 任务描述

要求用 C 语言指针编写霓虹灯控制程序，采用 C 语言工程应用仿真实验板，使 8 个 LED 灯循环点亮，显示更复杂的花样。

## 2. 编写 C 程序

**编程思路：** 在 5.5 工程应用——霓虹灯控制（1）C 程序的基础上，先定义一个指针变量 p，将 p 指向霓虹灯花样数组中的第一个元素，进入 for 循环完成控制即可。
**源程序如下：**

```c
/***********************************************************
* @ File：    chapter 7-6.c
* @ Function： 霓虹灯控制（3）
***********************************************************/
#include <reg51.h>                          //预处理命令
#define uint unsigned int
#define uchar unsigned char
uchar   Led_style[] = { 1, 2, 4, 8, 16, 32, 64, 128,128, 64, 32, 16, 8, 4, 2, 1 };
                                            //定义一维数组霓虹灯花样
void delayms(uint xms)                      //延时 xms 子函数
{
    uint i, j;
    for (i = xms; i>0; i--)
        for (j = 110; j>0; j--);
}
void main()                                 //定义主函数
{
```

```
        uchar num;                              //定义下标变量
        uchar *p;                               //定义指针变量
        while (1)                               //大循环
        {
            p = Led_style;                      //指针变量 p 指向 Led_style[0]
            for (num = 0; num<16; num++)        //for 循环控制
            {
                P1 = ~*(p+num);                 //取花样代码求反
                delayms(1000);                  //调用延时函数
            }
        }
    }
```

### 3. 上机调试与仿真

（1）打开 Keil 软件，建立工程。

（2）输入源程序，使源程序编译连接正确。

（3）打开 C 语言工程应用仿真实验板，设置联调。

（4）单击 Keil 软件中的"Debug"按钮，使 Proteus 进入调试状态。

（5）采用单步（Step）或连续（Run）执行键运行程序，其仿真结果如图 7-6 所示。

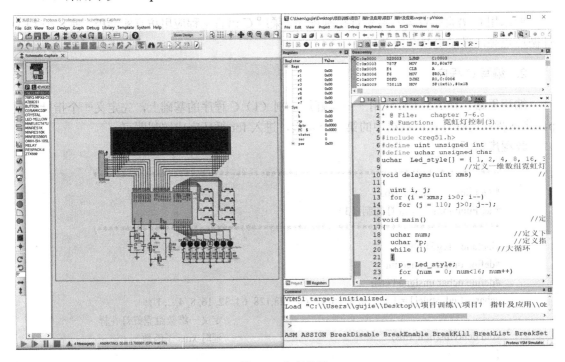

图 7-6　仿真结果

 归纳与总结

指针是 C 语言的一大特色，指针就是地址，善于利用指针可使程序更加简洁、高效、紧

凑。读者需要熟练掌握指针变量的定义和指针运算符的用法。在本项目的最后，通过用 C 语言编程实现霓虹灯控制，使读者进一步认识了指针在工程中的实际应用。

练习题

1．请上机调试，完成本项目任务 7.1～任务 7.5。

2．请用指针编程，完成找三个整数中的最大数。

3．请用指针编程，完成将三个整数按由大到小的顺序输出。

4．输入 10 个整数，将其中最小的数与第一个数对换，最大的数与最后一个数对换，将结果输出。要求数据输入、数据输出和数据处理都用函数调用方法实现。请用指针编程完成。

5．请参考附录 B，以多文件形式编程，判断某一年是否为闰年。请用指针编程完成。

6．请参考附录 B，以多文件形式编程，判断某个大于 3 的整数是否为素数。请用指针编程完成。

# 项目 8　构造类型及应用

**教学目的**

- 熟练掌握结构体变量、结构体数组的定义及应用；
- 熟练掌握共用体类型的定义及应用；
- 熟练掌握枚举类型的定义及应用；
- 学会使用结构体指针处理结构体数据；
- 学会使用指针处理链表数据。

**重点和难点**

- 结构体变量、结构体数组及结构体指针的定义及应用；
- 共用体类型的定义及应用；
- 枚举类型的定义及应用；
- 链表及处理数据的方法。

 项目任务

任务 8.1：利用结构体数组统计和处理学生的成绩信息

任务 8.2：利用结构体指针实现学生信息的整体传递

任务 8.3：利用共用体实现具有不同属性人员的信息统计

任务 8.4：利用枚举类型实现周一至周五课时安排

任务 8.5：建立和输出一个学生数据的单向动态链表

 相关知识

类型相同的多个数据可以用数组将它们组合在一起，但在实际数据处理过程中，许多内在有联系的数据往往类型不同，此时，可使用结构体类型将它们组成一个组合型数据，使用起来就方便多了。

## 8.1　结构体类型

C 语言允许用户自己建立由不同类型（或同类型）数据组成的组合型数据，称为结构体（structre）。

**1. 定义结构体变量与结构体数组**

结构体类型是用户自定义的，需要先声明。定义结构体类型的一般形式为

```
struct   结构体名
{
     类型标识符   成员名;
};
```

结构体名由用户自己定义；成员是由用户根据数据的内在联系而定义的若干个不同（也可以是相同）类型数据的组合，其中可以包含程序前面声明过的结构体。结构体名、成员名应符合标识符的书写规定，且结构体中的成员名可以和程序中的其他变量名相同。

声明结构体类型相当于创建了一个数据模型，系统不会为其分配内存空间，为了能在程序中使用用户自己定义的结构体类型，必须将结构体类型实例化，即定义结构体类型的变量或数组。结构体变量或数组中的每个成员分别占有自己的内存单元，结构体变量或数组所占内存长度是各成员所占内存长度之和。

结构体变量或数组的定义方法有以下 3 种：

（1）先声明结构体类型，再定义结构体变量或结构体数组

```
struct   结构体名
{
     类型标识符   成员名;
};
struct 结构体名 变量/数组列表;
```

例如：

```
struct Student
{
     char name[20];
     char sex;
};
struct Student stu1, stu[3];
```

（2）在声明结构体类型的同时定义结构体变量或结构体数组

```
struct   结构体名
{
     类型标识符   成员名;
}变量/数组列表;
```

例如：

```
struct Student
{
     char name[20];
     char sex;
}stu1, stu[3];
```

（3）不指定结构体名而直接定义结构体变量或结构体数组

```
struct
{
    类型标识符    成员名;
}变量/数组列表;
```

例如：

```
struct
{
    char name[20];
    char sex;
}stu1, stu[3];
```

**注意：**由于该方法不指定结构体名，定义此结构体变量或结构体数组时，声明和定义要一起进行，不能先声明，后定义。

### 2. 结构体变量与结构体数组的初始化

和其他类型的变量一样，结构体变量也可以在定义时进行初始化。初始化列表是用"{}"括起来的一些常量，在编译程序时会将这些常量依次赋给结构体变量中的各成员。

```
struct Student
{
    char name[20];
    char sex;
}stu1={"LiMing",'M'},stu [3]={{"Lilei", 'M'},{"WanHan", 'M'},{"zhangShan", 'F'}};
```

或

```
struct Student
{
    char name[20];
    char sex;
};
struct Student stu1= {"LiMing",'M'};
struct Student stu[3]={"Lilei", 'M',"WanHan", 'M',"zhangShan", 'F'};
```

### 3. 结构体变量与结构体数组的引用

通常情况下，对结构体变量的操作都是通过引用结构体变量的成员来实现的。引用方式为

```
结构体变量名.成员名
结构体数组元素名.成员名
```

例如：

```
stu1.name
stu[2].sex
```

**注意：**如果引用的成员是一个结构体类型，就必须逐级引用，直到最低级成员为基本数据类型才能使用。例如：

> person.birthday.month
> //某人的生日的月份（month 为结构体变量 person 中的结构体成员 birthday 中的整型变量成员）

### 4. 结构体指针

结构体指针就是用来指向结构体数据（结构体变量或结构体数组）的指针，它存放了所指向的结构体数据的首地址。

（1）指向结构体数据的指针

定义结构体指针变量的一般形式为

> struct 结构体名 *结构体指针变量名;

例如：

> struct Student *p;

定义了结构体指针变量后，就可以用它来指向相同结构体类型的变量或数组元素了。例如：

> struct Student *p=&stu1,*p1;　　　　//定义结构体指针变量 p1
> 　　p1= stu; 或 p1=&stu[0];　　　　//p1 指向一组数组 stu

若用定义过的结构体指针访问所指向的结构体数据成员，一般有以下两种方式：

> (*结构体指针变量名).成员名
> 结构体指针变量名->成员名

例如：

> (*p).name
> p1->name

说明：在第一种方式中，由于"."成员符号的优先级高于"*"，因此两侧的括号不能少。在第二种方式中，"->"为指向运算符。

一个结构体的指针虽然可以访问所指向的结构体变量或结构体数组元素的成员，但是不能使它指向成员。也就是说结构体数据成员的地址是不允许赋予结构体指针变量的，只允许将结构体变量或数组元素的首地址赋予结构体指针变量。例如：

> p=&stu1.name;　 p1=&stu[1].name;　　　　//错误
> p=&stu1;　 p1=stu; 或 p1=&stu[0];　 p1=&stu[1];　　　　//正确

（2）结构体指针变量作为函数参数

采用地址传递的方式：用指向结构体数据的指针变量作为函数参数，将结构体数据的起始地址传递给形参。例如：

> struct Student *p=stu;　　　　//定义结构体指针变量，并指向数组 stu 的首地址
> Sum(p,3);　　　　//调用 Sum()函数，实参：结构体指针变量、数值 3
> void Sum(struct Student *p,int n)
> {

```
        ...
    }
```

如果一个结构体数据比较庞大，将其整体作为函数参数传递时，时间和空间的开销会很大。为了减少内存开销，提高程序的运行速度，将结构体指针变量作为函数参数是最常见的方法。

# 8.2　共用体类型

共用体（也称为联合体）就是指在不同时刻多个不同类型的变量共用同一段内存单元的结构。

共用体类型跟结构体类型一样，要先声明，再定义，最后才可以被引用。声明一个共用体类型的一般形式为

```
union   共用体名
{
    类型标识符   成员名;
};
```

例如：

```
union table
{
    int  id;
    char name;                    //表示不同类型的变量 id、name、score 共用一段内存单元
    int score;
};
```

### 1.　定义共用体变量的方法

与定义结构体变量类似，定义共用体变量有以下三种方法：

（1）先声明共用体类型，再定义共用体变量

```
union 共用体名
{
    类型标识符   成员名;
};
union  共用体名  变量列表;
```

例如：

```
union table
{
    int  id;
    char name;
    int   score;
};
union table a,b, c[10];
```

（2）在声明共用体类型的同时定义共用体变量

```
union 共用体名
{
    类型标识符    成员名;
} 变量列表;
```

例如：

```
union table
 {
    int  id;
    char name;
    int score;
}a,b,c[10];
```

（3）不指定共用体名而直接定义共用体变量

```
union
{
    类型标识符    成员名;
}变量列表;
```

例如：

```
union
 {
    int   id;
    char name;
    int score;
}a,b, c[10];
```

**注意：** 这与不指定结构体名的变量定义相似。由于该方法不指定共用体名，定义共用体变量时，声明和定义要一起进行，不能先声明，后定义。

从以上变量的定义可以看出，结构体和共用体定义变量的形式很相似，但是结构体变量所占的内存是各成员占的内存之和，各成员的地址是不同的；而共用体变量所占的内存等于其成员占用的最长内存，各成员地址是同一地址。

### 2. 共用体变量的引用

一般对共用体变量的操作（输入、输出及各种运算）都是通过引用共用体变量的成员来实现的。

引用共用体变量的一般形式为

```
共用体变量名.成员名
```

例如：

```
a.id
b.name
c[0].score
```

不能只引用共用体变量。例如：

```
printf("%d",a);              //错误
printf("%d",a.id);           //正确
```

### 3. 共用体变量的赋值

（1）共用体变量的初始化赋值

在定义共用体变量时可以赋初值，但是与结构体变量初始化时赋值不同，共用体变量只能对其中一个成员赋初值，而不能对所有成员赋初值。例如：

```
union table a={0x12};        //将 0x12 赋给共用体变量 a 的第一个成员
union table a={0x12,'a',60}; //错误，不能对所有成员赋初值，{ }中只能有一个值
union table a=0x12;          //错误，初值必须用{ }括起来
```

（2）共用体变量在程序中赋值

在定义共用体变量后对其赋值，只能对其成员赋值，不能对共用体变量整体赋值。同类型的共用体变量之间可以相互赋值。例如：

```
union table a,b,c[10];
a={0x12, 'a',60};            //错误，不能对所用成员赋初值
a.id=0x12;                   //正确，将 0x12 赋给共用体 table 变量 a 的成员 id
b=a;                         //正确，同类型的共用体变量之间可以相互赋值
c[0].score=60;               //正确，将 60 赋给共用体 table 变量 c[0]的成员 score
```

（3）共用体变量的数据存储

对共用体变量成员赋值，会覆盖之前其他成员相应共用存储单元上的值，数据都是从低地址开始存放的。

例如：执行以下对共用体变量赋值的语句。

```
union table a;
a.id=0x12;
a.name='a';
a.score=60;
```

完成以上赋值后，共用体 table 变量 a 存储单元的值为 60（0x3C）。

# 8.3 枚 举 类 型

如果一个变量只有几种可能的取值情况，数量很少，那么在实际应用中，就可以将变量的值一一列举出来，变量的值仅限于列举的范围内，这就是枚举类型。

### 1. 枚举类型的声明

枚举类型的声明的一般形式为

```
enum [枚举名] {枚举元素列表};
```

例如：

```
enum Weekday {sun,mon,tue,wed,thu,fri,sat};
```

C 语言系统编译时对枚举类型元素按常量处理，故也称为枚举常量，不能对它们进行赋值。每个枚举元素都代表一个整数，如果声明时未人为指定，则 C 语言系统按定义时的顺序默认它们的值为 0,1,2,3,4,5…如果已人为指定枚举类型元素的数值，此元素的值就为指定的值，之后的元素无指定值，就顺序加 1。例如：

```
enum Weekday {sun=7,mon=1,tue,wed,thu,fri,sat};
```

其中，指定的枚举常量 sun 的值为 7，mon 的值为 1，则 sat 的值为 6。

**注意**：人为指定枚举类型元素的数值只能在声明枚举类型时显示指定，声明结束后，不能再为枚举类型元素指定值。例如：

```
sum=7; mon=1;        //错误
```

### 2．枚举类型变量

声明了一个枚举类型就可以用此类型来定义变量。例如：

```
enum Weekday   workday,weekend;
```

workday 和 weekend 为 Weekday 枚举类型的变量。枚举类型变量和结构体及共用体变量不同，它的值只限于括号中指定的值之一。在本例中，workday 和 weekend 的值只能是 sun～sat 中的一个。例如：

```
workday=mon;            //相当于 workday=1;
```

对于声明中没有指定名字的枚举类型，可以直接在声明中定义枚举类型变量。例如：

```
enum {sun,mon,tue,wed,thu,fri,sat} workday,weekend;
```

枚举类型变量或元素都代表一个整数，是可以被引用、输入和比较的。例如：

```
printf("%d",workday);
if(workday==mon)…
if(workday>sum)…
```

# 8.4　链　表　基　础

### 1．链表的概念

链表是动态地进行内存分配的一种结构，它由头指针变量（头结点）、结点及表尾（尾结点）组成。头指针变量一般存放的是一个地址，该地址指向一个结点。结点由两部分组成：（1）用户的实际数据（数据域）；（2）下一个结点的地址（指针域）。最后一个结点不再指向其他结点，称为表尾，它的指针域存放了一个空地址（NULL），链表到此结束。

可以设计一个结构体类型来描述结点的结构：

```
typedef struct Node
{
    char data;              //结点的数据域（存放本结点的实际数据）
    struct Node *next;      //结点的指针域（存放下一个结点的地址）
}L_Node;
```

**2. 链表的建立**

建立链表就是指在程序的执行过程中从无到有地建立起一个链表，即一个一个地开辟结点和输入各结点数据，并建立起前后相链接的关系。

现以单向字符链表为例，介绍两种建立单向链表的方法。

（1）头插入法

头插入法是指按结点的逆序逐渐将结点插入到链表头部的方法。参考程序如下：

```
L_Node *CreatList_1 ( )                          //定义链表函数（使用头插入法）
{
    char ch;
    L_Node *head,*p;                             //定义链表的头指针变量、链表结点型指针变量
    head=(L_Node *)malloc(sizeof(L_Node));       //申请空间，建立头结点
    head->next=NULL;                             //将头结点的指针域置为空
    printf ("请输入各链表中各结点的字符型数据，并以#键结束：");
while((ch=getchar( ))!='#')
{
    p=(L_Node *)malloc(sizeof(L_Node));          //申请空间，建立新结点
    p->data=ch;                                  //给新结点的数据域赋值
    p->next=head->next;                          //给新结点的指针域赋值
    head->next=p;                                //更新链表头结点的指针域，使其指向新增结点
}
    return(head);                                //返回链表的头指针变量
```

**注意：** 使用 malloc()函数动态分配内存空间，由于 malloc()函数的默认返回值类型为 void 类型指针，与新结点开辟的类型不一致，所以要强制转换。

（2）尾插入法

尾插入法是指按结点的顺序逐渐将结点插入到链表的尾部的方法。参考程序如下：

```
L_Node _2( )
{
    char ch;                    //定义字符型变量
    L_Node *head,*p,*e;         //定义链表结点型指针变量
    head =(L_Node *)malloc(sizeof(L_Node));    //建立头结点
    e =head;                    //e 开始时指向头结点，以后指向尾结点
    printf ("请输入链表中各结点的字符型数据，并以#结束：");
while((ch =getchar())!='#')
{                               //通过键盘输入字符，开辟一个个结点，当输入"#"后，结束输入
    p =(L_Node *) malloc(sizeof(L_Node));      //建立新结点
    p-> data =ch;              //给新结点的数据域赋值
    e->next =p;               //将新结点插入链表尾部
    e=p;                      //更新尾结点，使尾结点指针指向新结点
}
    e-> next = NULL;          //将尾结点的指针域置为空
    return (head);           //返回链表的头指针变量
}
```

### 3. 链表的输出

链表建立完成以后，链表中的各结点数据可以依次输出了。参考程序如下：

```
void OutputList(L_Node=*head)
{
    L_Node *p;                        //定义链表结点型指针变量
    p =head -> next;                  //从第 1 个结点开始输出
    while(p! = NULL)                  //判断 p 是否指向空
    {
        printf("%c",p->data);         //将结点数据输出
        p=p->next;                    //p 指向下一个结点
    }
    printf("\n");
}
```

### 4. 链表的查找

在链表中查找相关的数值时，通常有按序号查找和按值查找两种方式。

（1）按序号查找

在链表的应用中，如果要获取链表中某个序号结点的数据，必须从头结点开始进行搜索，直到搜索到指定序号的结点为止。参考程序如下：

```
L_Node * FindNode 1(L_Node * head, int i)
{
    L_Node *p =head;                  //从头结点开始扫描
    int j=0;                          //j 记录已扫描的数据结点个数
    while(p->next! =NULL&&j<i)        //逐个扫描，搜索结点
    {
        p=p->next;                    //移动到下一个结点
        j++;                          //扫描计数器加 1
    }
    if(j==i)    return (p) ;          //结点被找到，返回结点的地址
    else    return (NULL) ;           //结点未被找到，返回 NULL
}
```

**注意**：如果搜索的结点序号≤0，搜索不再进行，返回头指针 head；如果搜索的结点序号>数据结点个数，搜索到最后一个结点后不能再搜索，返回 NULL（空）。

（2）按值查找

如果需要查找某个数据在链表中的存储地址，也必须从头结点开始搜索，直到搜索到该结点的值为止。参考程序如下：

```
L_Node * FindNode_2( L_Node * head,DataType x, int * pi)
{
    L_Node * p = head -> next;        //从第 1 个结点开始扫描
    *pi=1;                            //记录结点序号
    while(p!= NULL && p -> data!=x)   //逐个扫描，搜索结点
```

```
    {
        p=p->next;
        (*pi)++;                            //结点序号加 1
    }
    return (p);
}
```

**注意：** 在搜索过程中，如果在链表中找到指定数据的结点，p 就返回该结点的地址；如果搜索不到指定数据的结点，p 就返回 NULL。参数*pi 是指向结点序号的指针变量，可记录结点的序号。

### 5. 链表的插入

如果要将一个新建的结点插入某个链表的指定位置就需要进行链表的插入操作。此操作需定义 2 个结点指针，一个指向待插位置的前一个结点，另一个指向待插结点。参考程序如下：

```
int ListInsert(L_Node * head,int i,DataType x)
{
    L_Node * p;                              //p 用于指向待插位置的前一个结点
    L_Node *s;                               //s 用于指向待插结点
    p =FindNode_1(head,i-1);                 //调用结点查找函数，查找第 i-1 个结点
    if(p==NULL)     return (0);              //查找失败，返回 0
    s=(L_Node*)malloc(sizeof(L_Node));       //建立新结点
    s->data=x;                               //将待插数据放入新结点的数据域中
    s-> next =p ->next;                      //使待插结点链接其后继结点
    p->next =s;                              //使待插结点链接其前趋结点
    return (1);                              //插入成功，返回 1
}
```

### 6. 链表的删除

如果要删除链表中某个结点，必须知道要删除结点的相关信息，如结点的位置信息或结点值。在进行删除操作时，需按照要删除结点的相关信息找到该结点，将其释放。参考程序如下：

```
int ListDelete(L_Node * head,int i)
{
    L_Node * p;                              //p 用于指向待删除结点的前一个结点
    L_Node * s;                              //s 用于指向待删除的结点
    p=FindNode_1(head,i-1);                  //调用结点查找函数，查找第 i-1 个结点
    if(p==NULL||p->next==NULL）              //未找到第 i-1 个结点或第 i 个结点不存在
        return(0);                           //删除失败，返回 0
        s=p->next;                           //s 指向待删除结点
        p->next =s-> next;                   //使待删除结点的前趋结点和后继结点相链接
        free(s);                             //释放已删除结点的空间
        return(1);                           //删除成功，返回
}
```

# 8.5 任 务 实 现

## 任务 8.1：利用结构体数组统计和处理学生的成绩信息

有 N 个学生，每个学生的数据包括学号、姓名、3 门课程的成绩，使用键盘输入 N 个学生的信息。

**（1）要求**：输出平均分最高的学生的信息（包括学号、姓名、3 门课程的成绩、平均分）。

**编程思路**：声明一个结构体类型，结构体类型中包括学生的学号、姓名、3 门课程的成绩及平均分。用此结构体类型定义一个长度为 N（这里取 3）的结构体数组，用键盘输入初值（学生信息）；然后通过引用该结构体变量的成员来计算平均分，并在屏幕上显示；最后根据计算结果，选出平均分最高的学生，显示在屏幕上。

**源程序如下：**

```c
/***********************************************************
*@File         chapter 8-1-1.c
*@Function     利用结构体数组统计和处理学生的成绩信息
***********************************************************/
#include <reg51.h>
#include <stdio.h>
#define uchar    unsigned char
#define uint     unsigned int
#define   N    3
struct Student                  //声明一个结构体类型
{
    uint num;                   //学号
    uchar   name[5];            //姓名
    float achvt[3];             //3 门课程的成绩
    float avg;                  //平均分
};
void uart_init()                //串行口初始化函数，打开显示窗口
{
    SCON=0x52;
    TMOD=0x20;
    TH1=0xf3;
    TR1=1;
}
void main()
{
struct Student    stu[N];       //定义结构体变量（3 个学生）
    uint i,Mnum=0;              //定义循环变量及记录平均分最高学生的学号
    uart_init();
for(i=0;i<N;i++)
{
    printf("请输入第%d 个学生的信息:\n  学号: ",i+1);
    scanf("%d",&stu[i].num);        //输入学生学号
```

```
        printf("姓名：");
        scanf("%s",stu[i].name);            //输入学生姓名
        printf("3 门课程成绩分别为：");
    scanf("%f,%f,%f",&stu[i].achvt[0],&stu[i].achvt[1],&stu[i].achvt[2]);   //输入学生3门课程的成绩
    stu[i].avg=(stu[i].achvt[0]+stu[i].achvt[1]+stu[i].achvt[2])/3.0;    //统计学生3门课程成绩的平均分
        if(stu[i].avg>stu[Mnum].avg)        //寻找平均分最高的学生
            Mnum=i;
    }
    printf("最高分的学生信息如下：\n 学生学号：%d，学生姓名：%s，平均分为：%4.2f\n",stu[Mnum].
num,stu[Mnum].name,stu[Mnum].avg);          //输出平均分最高学生的信息
    while(1);                                //空循环，程序暂停
    }
```

打开 Keil 软件，按上机调试与运行步骤调试运行程序，其运行显示结果如图 8-1 所示。

图 8-1　运行显示结果

**（2）要求**：输入 N（这里取 5）个学生的信息（包括学号、姓名、课程成绩），按课程成绩的高低顺序输出各学生信息。

**编程思路**：用结构体数组存放 N 个学生的信息，比较各个学生的课程成绩，按从高到低的顺序进行排序。

**源程序如下**：

```
/****************************************************************
*@File          chapter 8-1-2.c
*@Function   利用结构体数组建立学生信息表，并按课程成绩的高低进行排序
*****************************************************************/
#include <reg51.h>
#include <stdio.h>
#define uchar   unsigned char
#define uint    unsigned int
#define N   5
struct Student                  //声明一个结构体类型
{
    uint num;                   //学号
    uchar   name[5];            //姓名
    float achvt;                //课程成绩
};
void uart_init()                //串行口初始化函数，打开显示窗口
{
```

```
            SCON=0x52;
            TMOD=0x20;
            TH1=0xf3;
            TR1=1;
      }
      void main( )
        {
          struct Student    stu[N],temp;   //定义结构体变量（5 个学生）
          uint i,j,k;                      //定义循环变量及记录成绩最高学生的学号
          uart_init();
      for(i=0;i<N;i++)
      {
          printf("请输入第%d 个学生的信息:\n  学号：",i+1);
          scanf("%d",&stu[i].num);       //输入学生学号
          printf("姓名：");
          scanf("%s",stu[i].name);       //输入学生姓名
          printf("课程成绩分别为：");
          scanf("%f",&stu[i].achvt);     //输入学生课程成绩
      }
      for(i=0;i<N-1;i++)
      {
          k=i;
          for(j=i+1;j<N;j++)
          if(stu[j].achvt>stu[k].achvt)                      //比较学生课程成绩高低
          k=j;
          temp=stu[k];stu[k]=stu[i];stu[i]=temp;             //按学生课程成绩高低排序
      }
      printf("按照成绩的高低排序为：\n");
      for(i=0;i<N;i++)
        printf("%d,%s,%4.2f\n",stu[i].num,stu[i].name,stu[i].achvt); //按学生课程成绩高低显示
      while(1);
        }
```

打开 Keil 软件，按上机调试与运行步骤调试运行程序，其运行显示结果如图 8-2 所示。

图 8-2　运行显示结果

## 任务 8.2：利用结构体指针实现学生信息的整体传递

**（1）要求**：给出 N（这里取 3）个学生的信息（包括学号、姓名、成绩），用结构体指针变量输出学生信息。

源程序如下：

```
/***********************************************************
*@File          chapter 8-2-1.c
*@Function   用结构体指针变量输出学生信息
***********************************************************/
#include <reg51.h>
#include <stdio.h>
#define uchar   unsigned char
#define uint    unsigned int
void uart_init()                       //串行口初始化函数，打开显示窗口
{
        SCON=0x52;
        TMOD=0x20;
        TH1=0xf3;
        TR1=1;
}
struct Student                        //声明一个结构体类型
{
        uint num;                     //学号
        uchar    name[5];             //姓名
        float achvt;                  //成绩
};
void main(void)
{
        struct Student stu[3]={{1001,"Li",45},{1002,"Zhao",62.5},{1003,"He",92.5}};
                                      //定义结构体数组，并赋初值
        struct Student * ps;          //定义结构体指针变量
        uart_init();
        printf("学号\t 姓名\t 成绩\n");
        for(ps=stu; ps<stu+3; ps++)
        printf("%-8d%-8s%-8.1f\n",ps->num, ps->name, ps->achvt);    //输出学生信息
        while(1);                     //空循环，程序暂停
}
```

打开 Keil 软件，按上机调试与运行步骤调试运行程序，其运行显示结果如图 8-3 所示。

图 8-3  运行显示结果

（2）要求：输入 N（这里取 3）个学生的信息（包括学号、姓名、课程成绩），用结构体指针作为函数参数计算一组学生的平均成绩和不及格人数。

源程序如下：

```c
/*******************************************************************
*@File        chapter 8-2-2.c
*@Function    计算一组学生的平均成绩和不及格人数
*******************************************************************/
#include <reg51.h>
#include <stdio.h>
#define uchar   unsigned char
#define uint    unsigned int
#define   N   3
struct Student                      //声明一个结构体类型
{
    uint num;                       //学号
    uchar   name[5];                //姓名
    float achvt;                    //课程成绩
};
void uart_init()                    //串行口初始化函数，打开显示窗口
{
    SCON=0x52;
    TMOD=0x20;
    TH1=0xf3;
    TR1=1;
}
void avg(struct Student *ps)        //求平均成绩，统计不及格人数
{
    uint i,count=0;                 //定义循环变量、不及格人数变量
    float sum=0.0,aver;
    for(i=0;i<N;i++,ps++)
    {
        sum+=ps->achvt;             //求所有同学的课程成绩之和
        if (ps->achvt<60.0)
            count++;                //统计不及格人数
    }
    aver=sum/N;                     //求平均成绩
    printf("这一组学生的平均成绩为：%4.2f\n",aver);      //输出平均成绩
    printf("不及格的人有：%u 个 \n",count);             //输出不及格人数
}
void main()
{
    struct Student stu[N];
    uint i;
    uart_init();
for(i=0;i<N;i++)                    //输入学生信息
{
```

```
        printf("请输入第%d 个学生的信息:\n 学号: ",i+1);
        scanf("%d",&stu[i].num);
        printf("姓名: ");
        scanf("%s",stu[i].name);
    printf("课程成绩为: ");
        scanf("%f",&stu[i].achvt);
    }
    avg(stu);                      //调用函数求平均成绩，统计不及格人数
    while(1);                      //空循环，程序暂停
}
```

打开 Keil 软件，按上机调试与运行步骤调试运行程序，其运行显示结果如图 8-4 所示。

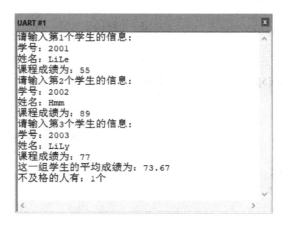

图 8-4　运行显示结果

## 任务 8.3：利用共用体实现具有不同属性人员的信息统计

**要求：** 用同一个表格来统计若干（4 个）教师及学生信息，学生信息包括姓名、职业、性别、班级；教师信息包括姓名、职业、性别、教研室。

**编程思路：** 教师和学生的信息大多数是相同的，不能共用；但教师的教研室和学生的班级信息不同，显然可以用共用体来处理。

**源程序如下：**

```
/******************************************************************
*@File        chapter 8-3.c
*@Function    用同一个表格来统计若干（4 个）教师及学生信息
******************************************************************/
#include <reg51.h>
#include <stdio.h>
#define uchar   unsigned char
#define uint    unsigned int
#define N    4
struct member                      //声明人员信息结构体
{
    uchar   name[5];
    uchar   occ;
```

```
        uchar sex;
        union                       //共用体元素，不同类别人员的不同属性共用储存空间
        {
            uint Class;             //学生的班级属性
            uchar Office[5];        //教师的教研室属性
        }depart;                    //定义共用体元素
};
void uart_init(  )                  //串行口初始化函数，打开显示窗口
{
        SCON=0x52;
        TMOD=0x20;
        TH1=0xf3;
        TR1=1;
}
void main()
{
        struct member person[N];    //定义人员信息结构体数组
        uint i;
        uart_init();
     for(i=0;i<N;i++)               //输入人员信息
        {
 loop:      printf("请输入第%d 个人姓名：",i+1);
            scanf("%s",person[i].name);
            getchar();              //接收回车键；
            printf("请输入第%d 个人职业('S'代表学生，'T'代表教师)：",i+1);
            scanf("%c",&person[i].occ);
            getchar( );             //接收回车键；
            printf("请输入第%d 个人性别('M'代表男性，'F'代表女性)：",i+1);
            scanf("%c",&person[i].sex);
            getchar( );             //接收回车键；
          if(person[i].occ =='S')   //判断是否为学生
          {
            printf("请输入第%d 个人所在班级：",i+1);
            scanf("%d",& person [i].depart.Class);
          }
          else if(person[i].occ =='T')  //判断是否为教师
          {
            printf("请输入第%d 个人所在教研室：",i+1);
            scanf("%s",person[i].depart.Office);
          }
 if((person[i].occ!='T'&&person[i].occ!='S')||(person[i].sex!='M'&&person[i].sex!='F'))
          {                         //判断职业属性和性别属性是否已按要求输入
            printf("第%d 人输入有误，请重新输入！ \n",i+1);
            goto loop;              //输入错误，返回重新输入
          }
}
```

```
        printf("\n 姓名\t 职业\t 性别\t 班级/教研室\n");
        for(i=0;i<N;i++)                    //输出登记表格
        {
        if(person[i].occ =='S')             //输出学生信息
        printf("%s\t%3c\t%3c\t%d\n",person[i].name,person[i].occ,person[i].sex,person[i].depart.Class);
        else if(person[i].occ=='T')         //输出教师信息
            printf("%s\t%3c\t%3c\t%s\n",person[i].name,person[i].occ,person[i].sex,
person[i].depart.Office);
        }
        while(1);                           //空循环，程序暂停
        }
```

打开 Keil 软件，按上机调试与运行步骤调试运行程序，其运行显示结果如图 8-5 所示。

图 8-5　运行显示结果

## 任务 8.4：利用枚举类型实现周一至周五课时安排

**要求：** 现要为一个班级排课，课程只能安排在周一至周五中的三天，统计有几种排法，输出每种排课安排。

**编程思路：** 课程只能安排在周一至周五，而且要将课程安排在不同的三天，可以用枚举类型变量处理。

**源程序如下：**

```
/**************************************************************
*@File        chapter 8-4.c
*@Function    实现周一至周五课时安排
***************************************************************
#include <reg51.h>
#include <stdio.h>
#define uchar    unsigned char
#define uint     unsigned int
enum Classday {mon,tue,wed,thu,fri};        //声明枚举类型数据（周一至周五）
        void uart_init( )                   //串行口初始化函数，打开显示窗口
        {
```

```
            SCON=0x52;
            TMOD=0x20;
            TH1=0xf3;
            TR1=1;
    }
    void main()
    {
    enum Classday i,j,k,pri;              //定义枚举类型变量（周一至周五）
    uint count=0,L;                       //定义计数变量、循环变量
        uart_init();
    for(i=mon;i<=fri;i++)                 //外循环，第一次排课（周一至周五）
        for(j=mon;j<=fri;j++)             //中循环，第二次排课（周一至周五）
        if(j!=i&&j>i)                     //如果前两天不同，且第二次排课在第一次排课之后
        {
            for(k=mon;k<=fri;k++)         //内循环，第三次排课（周一至周五）
            if((k!=i&&k>i)&&(k!=j&&k>j)); //如果后两天不同，且第三次排课在第二次排课之后
        {
                count++;                  //次数加 1
                printf("%-4d",count);     //输出当前是第几次符合条件的组合
                for(L=1;L<=3;L++)         //输出三次排课安排
                {
                    switch (L)
                    {
                    case 1: pri=i;break;  //获取第一次排课时间
                    case 2:pri=j;break;   //获取第二次排课时间
                    case 3:pri=k;break;   //获取第三次排课时间
                    default:break;
                }
                switch (pri)              //根据获取的时间进行显示
                {
                case mon:   printf("%-5s","Mon"); break;
                case tue:   printf("%-5s","Tue"); break;
                case wed:   printf("%-5s","Wed"); break;
                case thu:   printf("%-5s","Thu"); break;
                case fri:   printf("%-5s","Fri"); break;
                default :break;
                }
            }
            printf("\n");
            }
    }
        printf("\ntotal:%5d\n",count);    //输出符合条件的总数
        while(1);
    }
```

打开 Keil 软件，按上机调试与运行步骤调试运行程序，其运行显示结果如图 8-6 所示。

```
UART #1                                                              x
1    Mon   Tue   Wed                                                  ^
2    Mon   Tue   Thu
3    Mon   Tue   Fri
4    Mon   Wed   Thu
5    Mon   Wed   Fri
6    Mon   Thu   Fri
7    Tue   Wed   Thu
8    Tue   Wed   Fri
9    Tue   Thu   Fri
10   Wed   Thu   Fri

total:    10
                                                                     v
<                                                                   >
```

图 8-6　运行显示结果

## 任务 8.5：建立和输出一个学生数据的单向动态链表

**要求：** 建立和输出一个包含 N 个学生信息（包括学号、姓名、成绩）的单向动态链表。

**编程思路：** 声明一个结构体类型，其成员包括 num（学号）、name（姓名）、achvt（成绩）、next（指针变量）。将第 1 个结点的起始地址赋给头指针 head，然后动态内存分配（malloc）第 2 个结点，并将其地址赋给第 1 个结点的 next 成员，依次建立链表（以成员所有信息为 0 作为结束）。输出链表时，首先获取链表第 1 个结点的地址，也就是要知道 head 的值；然后定义一个指针变量 p，让 p 指向要输出的链表（将链表头指针 head 赋给 p），使 p 依次后移，逐个结点输出，直到链表的尾结点。

**源程序如下：**

```c
/*********************************************************************
*@File          chapter 8-5.c
*@Function      建立和输出一个包含 N 个学生信息（包括学号、姓名、成绩）的单向动态链表
**********************************************************************/
#include <reg51.h>
#include <stdio.h>
#include <stdlib.h>
#define uchar   unsigned char
#define uint    unsigned int
#define LEN     sizeof (struct Student)        //定义学生信息结构体长度变量
struct Student                                 //声明学生信息结构体
{
    uint num;
    uchar name[5];
    float achvt;
    struct Student *next;
};
void uart_init( )                              //串行口初始化函数，打开显示窗口
{
    SCON=0x52;
    TMOD=0x20;
    TH1=0xf3;
    TR1=1;
```

```
}
uint    n=0;
struct Student *creat( )                              //建立结构体列表函数
{
struct Student *head;                                 //定义头指针
struct Student *p1, *p2;                              //定义两个链表指针
p1=p2=(struct Student *)malloc(LEN);                 //开辟第一个学生信息结构体结点
    printf("请输入第%u 个学生学号:",n+1);
scanf ("%u",&p1->num);                               //向第一个学生信息结构体中输入学号信息
    printf("请输入第%u 个学生姓名:",n+1);
scanf ("%s",p1->name);                               //向第一个学生信息结构体中输入姓名信息
    printf("请输入第%u 个学生成绩:",n+1);
scanf ("%f",&p1->achvt);                             //向第一个学生信息结构体中输入成绩信息
head=NULL;                                            //清空头指针
while(p1->num!=0)
{
    n=n+1;
if (n==1)head=p1;                                    //将头指针指向第一个结点
else
{
p2->next=p1;                                          //将前一结点的链接指针指向新的结点
    p2=p1;
}
p1=(struct Student *)malloc(LEN);                    //开辟新的结点
printf("请输入第%u 个学生学号:",n+1);                //向新结点中输入信息
scanf ("%u",&p1->num);
    printf("请输入第%u 个学生姓名:",n+1);
scanf ("%s",p1->name);
    printf("请输入第%u 个学生成绩:",n+1);
scanf ("%f",&p1->achvt);
}
p2->next=NULL;                                        //将尾结点的链接指针设为空
return (head);                                        //将建立好的头指针返回
}
void print(struct Student *head)                     //输出链表函数（将要显示的链表指针作为形参）
{
struct Student *p;                                    //建立链表指针
printf("\n 现在建立的%u 条记录为:\n\n",n);
p=head;                                               //将链表指针指向要显示的链表
if(head!=NULL)
{
    printf("学号\t\t 姓名\t\t 成绩\t\t\n\n");
do
{
printf("%03u\t\t%s\t\t%4.2f\n",p->num,p->name,p->achvt);  //逐一显示链表信息
p=p->next;                                           //将链表指针逐一后移，逐个显示
```

```
    }while(p!=NULL);                    //最后一个结点显示完，退出循环
    }
}
void main()
{
struct Student *head;                   //定义学生信息结构体链表头指针
    uart_init( );                       //串行口初始化函数，打开显示窗口
head=creat();                           //创建链表
print(head);                            //输出链表
    while(1);                           //空循环，程序暂停
}
```

打开 Keil 软件，按上机调试与运行步骤调试运行程序，其运行显示结果如图 8-7 所示。

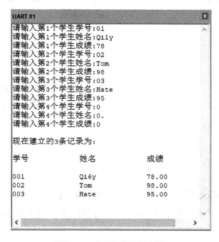

图 8-7　运行显示结果

# 归纳与总结

结构类型是在程序中用户自己建立的由不同类型（或同类型）数据组成的组合型数据结构。它包括成员名称和类型，以及成员在内存中的存储次序。一旦定义了结构类型，就可以像使用其他类型一样使用这种结构类型，可以声明具有这种结构类型的对象，定义指向对象的指针，以及定义具有这种结构类型元素的数组。

共用体也称为联合或者联合体，结构体和共用体的区别：结构体的各个成员会占用不同的内存，互相之间没有影响；而共用体的所有成员占用同一段内存，修改一个成员会影响其余所有成员。结构体占用的内存大于等于所有成员占用的内存的总和；共用体占用的内存等于其成员占用的最长内存。共用体使用了内存覆盖技术，同一时刻只能保存一个成员的值，如果对新的成员赋值，就会把原来成员的值覆盖掉。

在实际编程中，有些数据的取值往往是有限的，只能是非常少量的整数，并且最好为每个值都取一个名字，以方便在后续代码中使用，这时可以使用枚举类型，它能够列出所有可能的取值。

链表是一种在物理存储单元上非连续、非顺序的存储结构，数据元素的逻辑顺序是通过链表中的指针链接次序实现的。链表由一系列结点（链表中每个元素称为结点）组成，结点

可以在运行时动态生成。每个结点包括两个部分：一个是存储数据元素的数据域，另一个是存储下一个结点地址的指针域。相比于线性表顺序结构，其操作比较复杂。

## 练习题

1．请上机调试，完成本项目的任务 8.1～任务 8.5。

2．有 n 个学生，每个学生有学号、姓名、成绩 3 项信息。编写程序实现学生信息的输入，并找出成绩最高学生的学号、姓名和成绩（分别用结构体数组、指针实现）。

3．用同一个表格来统计若干专业的课程信息。每个专业包含 3 门不同课程，编写程序实现课程信息的输入和输出。

4．口袋中有红、黄、蓝、白、黑 5 种颜色的球若干。每次从口袋中先后取出 3 个球，问得到 3 种不同颜色的球的可能取法，输出每种排列的情况（用枚举类型实现）。

# 项目 9  C 语言综合程序设计

**教学目的**
- 进一步加深对 C 语言的认识；
- 进一步掌握 C 语言选择结构、循环结构程序的编程技巧和调试方法；
- 进一步掌握数组的使用方法；
- 进一步掌握函数的使用方法；
- 进一步掌握指针的使用方法；
- 逐步学会编写一些简单工程应用控制程序。

**重点和难点**
- C 语言选择结构、循环结构程序的编程技巧和调试方法；
- C 语言数组、函数以及指针的使用方法；
- 工程应用控制程序的编写方法。

通过前面几个项目的学习，读者已经熟悉了 C 语言的基本语法知识和 C 程序的调试方法，特别通过前面几个工程应用实例，熟悉并掌握了 C 语言在工程项目上的具体应用。下面再举几个稍微复杂些的工程综合应用实例，希望读者通过上机调试，更好地完成其他 C 语言综合程序设计。

## 9.1　图形输出速度控制

### 1. 任务描述

采用 C 语言编程，串行口窗口作为显示平台，以一定的速度输出菱形图形。要求每输出一个字符，延时一段时间，使人的眼睛能看清图形输出的整个过程。

### 2. 编写 C 程序

**编程思路：**先定义一个延时子函数，在任务 5.4 的基础上，每输出一个字符，调用该延时子函数，将延时时间稍加长一点，整个图形的输出过程也就看得更清晰些。程序流程图如图 9-1 所示。

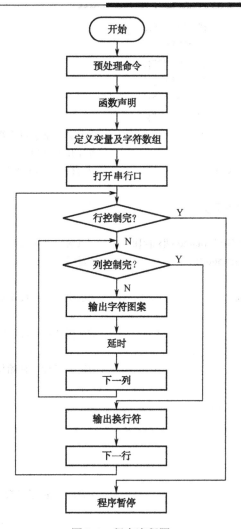

图 9-1  程序流程图

**源程序如下:**

```
/***************************************************************
*@File        chapter 9-1.c
*@Function    以一定的速度输出菱形图形
***************************************************************/
#include<reg51.h>                        //预处理命令
#include<stdio.h>
#define uint unsigned int
#define uchar unsigned char
void main( )                             //定义主函数
{
    void uart_init();                    //声明串行口初始化函数
    void delayms(uint xms);              //声明延时函数
    int x,y;                             //定义变量
    char diamond[][7]={
                      {"   *   "},
```

```
                        {"  ***  "},
                        {" ***** "},
                        {"*******"},
                        {" ***** "},
                        {"  ***  "},
                        {"   *   "}
                    };                              //定义二维字符数组并初始化（菱形图案）
    uart_init();                                    //打开串行口
    for (x = 0; x < 7; x++)                          //通过二重 for 循环控制菱形图案的输出
    {
        for (y = 0; y < 7; y++)
        {
            printf("%c", diamond[x][y]);             //取数组图案元素并输出
            delayms(5000);                           //延时
        }
        printf("\n");                                //输出一整行图案后换行
    }
    while(1);                                        //空循环，程序暂停
}
void uart_init()                                     //定义串行口初始化函数
{
    SCON = 0x52;
    TMOD = 0x20;
    TH1 = 0xf3;
    TR1 = 1;
}
void delayms(uint xms)                               //延时 xms 子函数
{
    uint i, j;
    for (i = xms; i>0; i--)
        for (j = 110; j>0; j--);
}
```

程序说明：上述程序功能单一，只是以一定的速度控制图案输出，如果想扩展功能，则需要增加一些语句，对程序进行适当的修改。例如：如果在输出图案的同时需要求图案中"*"的个数，如何实现呢？可以采用如下方法，读者可以上机试试。

在二重 for 循环语句中增加条件判断语句，对取出的每个字符数组元素进行判断，如果字符数组元素是"*"，则星星总数加 1。最后，在整个图案输出完后再输出星星的总数即可。其参考程序段如下：

```
for (x = 0; x < 7; x++)                              //通过二重 for 循环控制菱形图案的输出
{
    for (y = 0; y < 7; y++)
    {
        printf("%c", diamond[x][y]);                 //取字符数组元素并输出
        delayms(500);                                //延时
        if(diamond[x][y]=='*')                        //如果字符数组元素是"*"，则总数加 1
```

| | | |
|---|---|---|
| 　　　　　　　n++; | //n 代表星星的总数 | |
| 　　　　} | | |
| 　　　　printf("\n"); | //输出一整行图案后换行 | |
| 　　} | | |
| 　　printf("total= %d",n); | //输出星星总数 | |
| 　　while(1); | //空循环，程序暂停 | |

### 3. 上机调试与运行

（1）打开 Keil 软件，建立工程；

（2）输入源程序，使源程序编译连接正确；

（3）使程序进入调试状态；

（4）打开显示窗口；

（5）采用单步（Step）或连续（Run）执行键运行程序，其显示结果如图 9-2 所示。

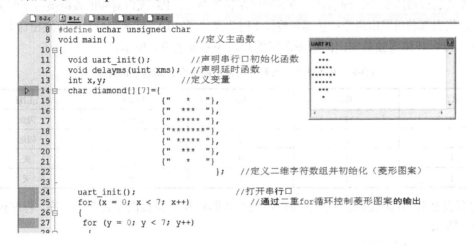

图 9-2　显示结果

## 9.2　模拟汽车转弯灯控制

### 1. 任务描述

　　汽车是现代人出行的重要工具，汽车上安装的信号灯是驾驶员向行人或其他驾驶员传递汽车行驶状态的语言工具。汽车信号灯一般包括倒车灯、刹车灯、转弯灯和雾灯等，其中，汽车转弯灯包括左转弯灯和右转弯灯，其显示状态如表 9-1 所示。现要求用 C 语言编程，采用 C 语言工程应用仿真实验板，模拟汽车转弯灯的控制。

表 9-1　汽车转弯灯显示状态

| 左 转 弯 灯 | 右 转 弯 灯 | 驾驶员命令 |
|---|---|---|
| 闪烁 | 闪烁 | 紧急或故障 |
| 闪烁 | 灭 | 向左转弯 |

续表

| 左 转 弯 灯 | 右 转 弯 灯 | 驾驶员命令 |
| --- | --- | --- |
| 灭 | 闪烁 | 向右转弯 |
| 灭 | 灭 | 未发命令 |

### 2. 编写 C 程序

**编程思路：**

由 C 语言工程应用仿真实验板电路图可知，在本任务中，可以用两个 LED 发光二极管来模拟汽车左转弯灯和右转弯灯；用三个按键来模拟驾驶员发出的命令。

使用 P1 端口的 P1.0 和 P1.1 来模拟左转弯灯（LED1）和右转弯灯（LED2），P1 端口输出高电平（1），LED 灯灭；输出低电平（0），LED 灯亮。

使用 P3 端口的 P3.2、P3.3 和 P3.4 接三个按键 K1、K2 和 K3 来模拟驾驶员发出的命令，分别代表紧急或故障命令、向右转弯命令和向左转弯命令。P3 端口对应的按键被按下时为低电平（0），代表驾驶员发出命令；按键未被按下时为高电平（1），代表驾驶员没有发出命令。

汽车转弯灯和驾驶员发出的命令之间的逻辑关系如表 9-2 所示。

表 9-2　汽车转弯灯与驾驶员发出的命令之间的逻辑关系

| K1 | K2 | K3 | LED1 | LED2 |
| --- | --- | --- | --- | --- |
| 0 | 1 | 1 | 闪烁 | 闪烁 |
| 1 | 0 | 1 | 灭 | 闪烁 |
| 1 | 1 | 0 | 闪烁 | 灭 |
| 1 | 1 | 1 | 灭 | 灭 |

根据表 9-2，用 if-else 语句嵌套和逻辑关系式即可写出模拟汽车转弯灯程序。程序流程图如图 9-3 所示。

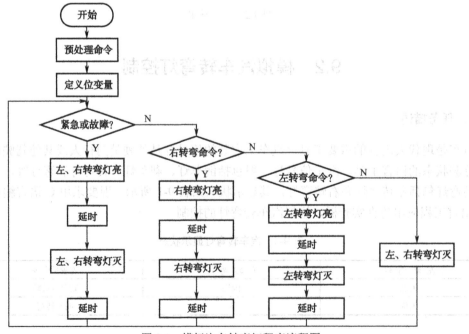

图 9-3　模拟汽车转弯灯程序流程图

源程序如下：

```
/********************************************************************
*@File        chapter 9-2.c
*@Function    模拟汽车转弯灯控制
********************************************************************/
#include <reg51.h>                    //预处理命令
#define uint unsigned int
#define uchar unsigned char
sbit LED1 = P1 ^ 0;                   //定义左转弯灯
sbit LED2 = P1 ^ 1;                   //定义右转弯灯
sbit K1 = P3 ^ 2;                     //定义紧急或故障情况按键
sbit K2 = P3 ^ 3;                     //定义右转弯按键
sbit K3 = P3 ^ 4;                     //定义左转弯按键
void delayms(uint xms)                //延时 xms 子函数
{
    uint i, j;
    for (i = xms; i>0; i--)
        for (j = 110; j>0; j--);
}
void main()                           //定义主函数
{
    while (1)                         //大循环
    {
        if (K1 == 0)                  //故障或紧急情况下按键 K1 被按下
        {
            LED1 = 0;                 //两灯闪烁
            LED2 = 0;
            delayms(500);             //延时
            LED1=1;
            LED2=1;
            delayms(500);             //延时
        }
        else if (K2 == 0)             //右转弯按键 K2 被按下
        {
            LED1 = 1;                 //左转弯灯灭
            LED2 = 0;                 //右转弯灯闪烁
            delayms(500);             //延时
            LED1 = 1;
            LED2 = 1;
            delayms(500);             //延时
        }
        else if (K3 == 0)             //左转弯按键 K3 被按下
        {
            LED1 = 0;                 //左转弯灯闪烁
            LED2 = 1;                 //右转弯灯灭
            delayms(500);             //延时
            LED1 = 1;
```

```
            LED2 = 1;
            delayms(500);                //延时

        }
        else                             //无按键被按下
        {
            LED1 = 1;                    //左转弯灯灭
            LED2 = 1;                    //右转弯灯灭
        }
    }
}
```

**3. 上机调试与仿真**

（1）打开 Keil 软件，建立工程。

（2）输入源程序，使源程序编译连接正确。

（3）打开 C 语言工程应用仿真实验板，设置联调。

（4）单击 Keil 软件中的"Debug"按钮，使 Proteus 进入调试状态。

（5）采用单步（Step）或连续（Run）执行键运行程序，其仿真结果如图 9-4 所示。

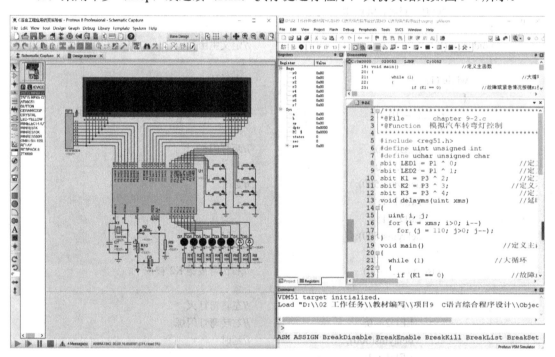

图 9-4　仿真结果

# 9.3　一键多功能控制

## 1. 任务描述

按键是人们在日常生活和工厂里使用最频繁的输入设备之一，是一种常用的电气控制元器件，常用来接通或断开控制电路（其中电流很小），从而达到控制电动机或其他电气设备运行目的的一种开关。

现要求用 C 语言编程，采用 C 语言工程应用仿真实验板，通过一个按键来实现 8 个发光二极管 LED 灯多花样显示：按下按键一次，8 个发光二极管 LED 灯依次循环左移点亮；按下按键两次，8 个发光二极管 LED 灯依次循环右移点亮；按下按键三次，8 个发光二极管 LED 灯同时闪烁；按下按键四次，8 个发光二极管 LED 灯依次逐个点亮，显示跑马灯效果；按下按键五次，8 个发光二极管 LED 灯全灭。

### 2. 编写 C 程序

**编程思路：**

由 C 语言工程应用仿真实验板电路图可知，在本任务中，可以用一个按键来控制 8 个发光二极管 LED 灯亮灭。

使用 P3 端口的 P3.2 接一个按键来控制 P1 端口的 8 个发光二极管 LED 灯。P3.2 按键被按下时为低电平（0），未被按下时为高电平（1）。P1 端口输出高电平（1），LED 灯灭；输出低电平（0），LED 灯亮。其程序流程图如图 9-5 所示。

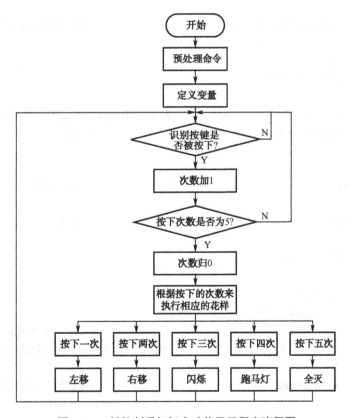

图 9-5　一键控制霓虹灯多功能显示程序流程图

**源程序如下：**

```
/****************************************************************
* @ File：　　chapter 9-3.c
* @ Function：　一键控制霓虹灯多功能显示
```

```
**************************************************************************/
#include<reg51.h>                                    //预处理命令
#define uchar unsigned char
#define uint unsigned int
sbit Key = P3 ^ 2;                                    //定义按键
/*************定义霓虹灯花样十进制数形式*************************************/
uchar left[] = {254,252,248,240,224,192,128,0,255};  //左移
uchar right[] = {127,63,31,15,7,3,1,0,255};          //右移
uchar shining[] = {255,0,255,0,255,0,255,0,255};     //闪烁
uchar running[] = {254,253,249,247,239,223,159,127,255,
                   127,159,223,239,247,249,253,254,255};  //流水灯
uchar num;                                           //定义按键次数
void delayms(uint xms)                               //延时 xms 子函数
{
    uint i, j;
    for (i = xms; i>0; i--)
        for (j = 110; j>0; j--);
}
void Led_style(uchar *p, uchar n)                    //LED 灯花样显示函数
{
    uchar x;
    for (x = 0; x < n; x++)
    {
        P1 = *p++;                                   //取 LED 灯花样代码送 P1 端口并指向下一个花样
        delayms(500);                                //延时
    }
}
void main()                                          //定义主函数
{
    while (1)                                        //大循环
    {
        if (Key == 0)
        {
            num++;
            if (num == 5)
                num = 0;                              //num 归 0 再次循环
            while (Key == 0);                         //等待按键松开完成一次有效动作,相当于 while (!Key);
        }
        switch (num)                                  //根据按下的次数执行相应的花样
        {
            case 1: Led_style(left, sizeof(left)); break; //sizeof 运算符用来求 LED 灯花样字节数
            case 2:Led_style(right, sizeof(right)); break;
            case 3:Led_style(shining, sizeof(shining)); break;
            case 4:Led_style(running, sizeof(running)); break;
            default:P1 =255;                          //全灭
        }
```

```
        }
    }
```

程序说明:

（1）定义霓虹灯花样

在上述程序段中,定义霓虹灯花样采用的是十进制数形式,也可以采用十六进制数形式,读者可以上机试试。例如:

```
/**************定义霓虹灯花样十六进制数形式********************************/
uchar code left[]={0xfe,0xfc,0xf8,0xf0,0xe0,0xc0,0x80,0x00,0xff};        //左移
uchar code right[]={0x7f,0x3f,0x1f,0x0f,0x07,0x03,0x01,0x00,0xff};        //右移
uchar code shining[]={0xff,0x00,0xff,0x00,0xff,0x00,0xff,0x00,0xff};      //闪烁
uchar code running[]={0xfe,0xfd,0xfb,0xf7,0xef,0xdf,xbf,0x7f,0xff,
                      0x7f,xbf,0xdf,0xef,0xf7,0xfb,0xfd,0xfe,0xff};       //流水灯
```

（2）sizeof 运算符

程序段中出现了一个非常有用的运算符:sizeof 运算符,它的作用是求 LED 灯花样字节数,无论程序段中新增多少个花样,通过 sizeof 运算符都能直接计算出字节数并控制循环动作,不需要再去手工计算,这种快捷又实用的编程技巧,读者可以尝试学习和试用。

### 3. 上机调试与仿真

（1）打开 Keil 软件,建立工程。

（2）输入源程序,使源程序编译连接正确。

（3）打开 C 语言工程应用仿真实验板,设置联调。

（4）单击 Keil 软件中的"Debug"按钮,使 Proteus 进入联调状态。

（5）采用单步（Step）或连续（Run）执行键运行程序,其仿真结果如图 9-6 所示。

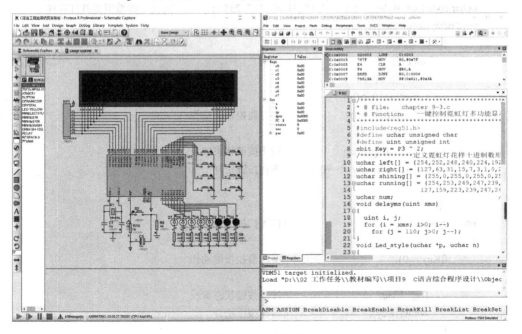

图 9-6　仿真结果

# 9.4　霓虹灯启停控制

## 1. 任务描述

要求用 C 语言编程，采用 C 语言工程应用仿真实验板，通过一个按键来实现霓虹灯启停控制。当按下按键时，8 个发光二极管 LED 灯开始循环跑程序，再次按下按键时，8 个发光二极管 LED 灯循环停止；当重新按下按键时，8 个发光二极管 LED 灯恢复循环。

## 2. 编写 C 程序

**编程思路：**

在 6.7 工程应用——霓虹灯控制（2）C 程序的基础上，使用 P3 端口的 P3.2 接一个按键来控制 P1 端口的 8 个发光二极管 LED 灯启停。同时设置一个位变量 flag，控制霓虹灯启动和停止，当 flag 为 1 时，启动 8 个发光二极管 LED 灯循环跑程序；flag 为 0 时，循环暂停。

**源程序如下：**

```
/********************************************************
* @ File:     chapter 9-4.c
* @ Function： 霓虹灯启停控制
********************************************************/
#include <reg51.h>                //预处理命令
#define uint unsigned int
#define uchar unsigned char
sbit Key = P3 ^ 2;                //定义按键
bit flag=0;                       //定义位变量
uchar code Led_style[] = { 1, 3, 7, 15, 31, 63, 127, 255 };    //定义一维数组霓虹灯花样
void delayms(uint xms)
    {
        uint i,j;
        for(i=xms;i>0;i--)
         for(j=110;j>0;j--)
          if(key1==0)          //实时监控按键动作
          {
              flag=!flag;       //按下按键状态取反
              while(key1==0);   //等待按键松开
          };
        }
void keyscan()                //按键扫描子函数
{
    if(Key==0)                //实时监控按键动作
    {
        flag=!flag;           //按下按键状态取反
        while(!Key);          //等待按键松开
    }
}
```

```
    void main()                        //定义主函数
    {
        uchar num;                     //定义下标变量
        while (1)                      //大循环
        {
            keyscan();
            if(flag==1)                //启动
            {
                P1=~Led_style[num];
                delayms(100);
                num++;
                if(num>7)
                    num=0;
            }
        }
    }
```

程序说明：

在上述程序段中，按键扫描子函数 keyscan()里，对按键开关进行检测，起到按键动作控制霓虹灯启动和停止的作用；同时在延时子函数 delayms(uint xms)里，增加对按键开关的检测，以高速扫描按键开关动作，做到实时监控，避免死循环，提高了程序的控制灵敏度。

### 3．上机调试与仿真

（1）打开 Keil 软件，建立工程。

（2）输入源程序，使源程序编译连接正确。

（3）打开 C 语言工程应用仿真实验板，设置联调。

（4）单击 Keil 软件中的"Debug"按钮，使 Proteus 进入调试状态。

（5）采用单步（Step）或连续（Run）执行键运行程序，其仿真结果如图 9-7 所示。

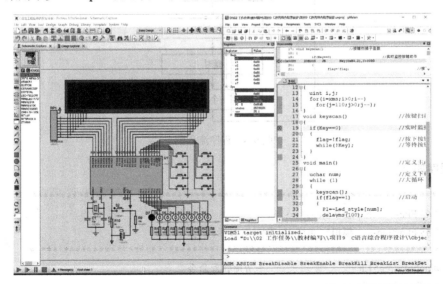

图 9-7　仿真结果

# 9.5　模拟交通灯 10s 倒计时显示控制

### 1.　任务描述

城市道路的十字路口都有红黄绿交通灯控制系统，它与人们的生活息息相关。现要求用 C 语言编程，采用 C 语言工程应用仿真实验板，编写一段延时 1s 的子函数，模拟交通灯显示状态要求，实现绿灯切换红灯时的 10s 倒计时显示功能。

### 2.　编写 C 程序

**编程思路：**

由 C 语言工程应用仿真实验板电路图可知，可以利用仿真板上的一个数码管来显示数字 1～9，字形代码通过仿真实验板 P0 端口的 P0.0～P0.7 送到数码管 a～h 各段，显示位通过仿真实验板 P2 端口的 P2.0 送位码信号。在程序段中，让位码 P2.0 始终有效，同时，每隔 1s 从定义的字符数组中取一个字形代码送 P0 端口，通过循环语句控制就能实现 10s 倒计时。

程序流程图如图 9-8 所示。

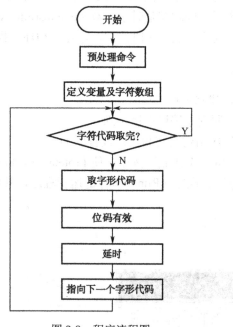

图 9-8　程序流程图

**源程序如下：**

```
/*************************************************************
* @ File:      chapter 9-5.c
* @ Function:   模拟交通灯 10s 倒计时显示控制
*************************************************************/
#include<reg51.h>                  //预处理命令
#define uint unsigned int
#define uchar unsigned char
```

```
        sbit wei_code=P2^0;                   //定义用 P2 端口的 P2.0 作为位码接数码管公共端
        //共阳极数码管 1~9 字形码采用十六进制数形式
        uchar table[] = {249,164,176,153,146,130,248,128,144,255 };
        void delayms(xms)                     //延时 xms 子函数
        {
            uint i, j;
            for (i = xms; i>0; i--)
                for (j = 110; j>0; j--);
        }
        void main()                           //定义主函数
        {
            int num;                          //定义下标变量
            while (1)                         //大循环
            {
                for (num = 9; num>=0; num--)
                {
                    P0 = table[num];          //送字形代码
                    wei_code = 0;             //位码有效
                    delayms(1000);            //延时
                }
            }
        }
```

程序说明：

（1）在上述程序中，在 table[] 一维数组中定义的共阳极数码管 1~9 字形代码采用的是十进制数形式，也可以采用十六进制数形式。例如：

```
    uchar   table[] = {0xf9,0xa4,0xb0,0x99,0x92,0x82,0xf8,0x80,0x90,0xff};
```

（2）位码可以采用特殊位定义（sbit wei_code=P2^0;）形式，也可以采用 P2 端口整字节形式直接送 8 位数代码，原则是要保证 P2 端口的 P2.0 位为低电平，其他位为高电平。例如：

```
    P2=0xfe;        //位码有效（十六进制数形式）
```

或

```
    P2=254;        //位码有效（十进制数形式）
```

（3）由于程序段中的字形代码是从最后一个开始取的，所以 for 循环语句采用降序方式，且一维字符数组下标变量 num 必须定义成有符号类型（int）。如果将一维字符数组下标变量 num 定义成无符号类型（uint），程序将无法进行下一次循环。

（4）如果仿真实验板上的数码管连接采用的是共阴极形式，程序段只用将显示字段码取反即可（P0 =~ table[num];）。

以上几点说明读者都可以上机试试。

### 3. 上机调试与仿真

（1）打开 Keil 软件，建立工程。

（2）输入源程序，使源程序编译连接正确。

（3）打开 C 语言工程应用仿真实验板，设置联调。

（4）单击 Keil 软件中的"Debug"按钮，使 Proteus 进入调试状态。

（5）采用单步（Step）或连续（Run）执行键运行程序，其仿真结果如图 9-9 所示。

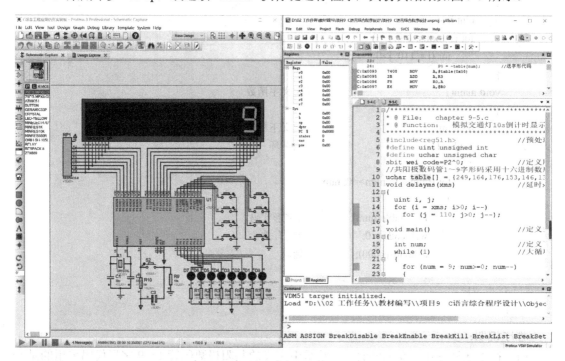

图 9-9 仿真结果

# 9.6 LED 电子广告牌控制

## 1. 任务描述

采用 C 语言工程应用仿真实验板，用 C 语言编程，在仿真实验板上显示输出如下信息：

HELLO!

要求每输出一个字符，稍加延时，使人的眼睛能看清完整稳定的显示画面。

## 2. 编写 C 程序

**编程思路：**

在本项目 9.5 模拟交通灯 10s 倒计时显示控制的基础上，分时选中各个数码管，送对应的字形代码。每送出一个字形代码，让 8 个数码管中对应的位码有效，显示所要求的字符后，调用延时子函数稍加延时，再送下一个字形代码，同时让对应的位码有效，如此循环。注意延时时间从第 1 个数码管到第 8 个数码管时间不能过长（20ms 以内），否则，人的眼睛看到的就是分别显示的单个字符，而不能构成完整画面。

"HELLO!"显示字形代码与位码关系如表 9-3 所示。

表 9-3 "HELLO！"显示字形代码与位码关系

| 显示字符 | 字形代码 | | 位码 | |
|---|---|---|---|---|
| | 十进制数 | 十六进制数 | 十进制数 | 十六进制数 |
| 空格 | 255 | ff | 127 | 7f |
| H | 137 | 89 | 191 | bf |
| E | 134 | 86 | 223 | df |
| L | 199 | C7 | 239 | ef |
| L | 199 | C7 | 247 | f7 |
| O | 192 | C0 | 251 | fb |
| ! | 121 | 79 | 253 | fd |
| 空格 | 255 | ff | 254 | fe |

**源程序如下：**

```
/******************************************************************
* @ File:      chapter 9-6.c
* @ Function：   LED 电子广告牌显示"HELLO！"
******************************************************************/
#include<reg51.h>                                    //预处理命令
#define uchar unsigned char
#define uint unsigned int
uchar table[]= {255,137,134,199,199,192,121,255};    // "HELLO！"字形代码（十进制数形式）
uchar wei_code[]= {127,191,223,239,247,251,253,254}; //位码（十进制数形式）
void delayms(uint xms)                               //延时 xms 子函数
{
    uint i, j;
    for (i = xms; i>0; i--)
        for (j = 110; j>0; j--);
}
void main()                                          //定义主函数
{
    uchar num;                                       //定义下标变量
    while (1)                                        //大循环
    {
        for (num = 0; num<8; num++)
        {
            P0 = table[num];                         //送字形代码
            P2 = wei_code[num];                      //送位码
            delayms(1);                              //延时
        }
    }
}
```

程序说明：

（1）在上述程序段中，table[]一维数组和 wei_code[]一维数组中分别定义共阳极数码管 1～9 字形代码和 8 个数码管的位码，采用的是十进制数形式，也可以采用十六进制数形式。例如：

```
//"HELLO!"字形码（十六进制数形式）
uchar    table[]= { 0xff, 0x89, 0x86, 0xc7, 0xc7, 0xc0, 0x79, 0xff };
//位选码（十六进制数形式）
uchar    wei_code[]= { 0x7f, 0xbf, 0xdf, 0xef, 0xf7, 0xfb, 0xfd, 0xfe };
```

（2）上述程序段只是完成一屏信息显示，如果需要显示两屏或多屏信息，可以在此程序段的基础上再增加二重 for 循环，变成三重 for 循环控制。最外层 for 循环控制屏数，中间层 for 循环控制每屏显示的时间，最内层 for 循环完成每屏 8 个数码管信息的扫描。下面程序段完成"HELLO!"和"01234567"两屏信息静态交替显示。读者可以上机试试。

```
#include<reg51.h>                                              //预处理命令
#define uchar unsigned char
#define uint unsigned int
uchar num, x;
uint MoveSpeed;
//"HELLO!"字形代码（十进制数形式）
uchar table1[] = { 255, 137, 134, 199, 199, 192, 121, 255 };
//共阳极数码管 0～7 字形代码采用十进制数形式
uchar    table2[] = {192, 249, 164, 176, 153, 146, 130, 248 };
//"HELLO!"字形代码（十六进制数形式）
//uchar    table1[]= { 0xff, 0x89, 0x86, 0xc7, 0xc7, 0xc0, 0x79, 0xff };
//共阳极数码管 0～7 字形代码（十六进制数形式）
//uchar    table2[] = {0xc0,0xf9,0xa4,0xb0,0x99,0x92,0x82,0xf8};
uchar wei_code[] = { 127, 191, 223, 239, 247, 251, 253, 254 };     //位码（十进制数形式）
//uchar    wei_code[]= { 0x7f, 0xbf, 0xdf, 0xef, 0xf7, 0xfb, 0xfd, 0xfe };    //位码（十六进制数形式）
void delayms(uint xms)                                         //延时 xms 子函数
{
uint i, j;
    for (i = xms; i>0; i--)
        for (j = 110; j>0; j--);
}
void main()
{
    while (1)                                                  //大循环
    {
        for (x = 0; x<2; x++)                                  //屏数控制（共 2 屏）
        {
            //每屏显示时间 500×8ms=4s
            for (MoveSpeed = 0; MoveSpeed <= 500; MoveSpeed++)
            {
                for (num = 0; num<8; num++)                    //8 个数码管轮流扫描一遍
                {
                    P0 = table1[num + 8 * x];                  //送字形代码，每个字符相差 8 个字节代码
                    P2 = wei_code[num];                        //送位码
```

```
                        delayms(1);                              //延时约 1ms
                    }
                }
            }
        }
    }
}
```

### 3. 上机调试与仿真

（1）打开 Keil 软件，建立工程。

（2）输入源程序，使源程序编译连接正确。

（3）打开 C 语言工程应用仿真实验板，设置联调。

（4）单击 Keil 软件中的"Debug"按钮，使 Proteus 进入调试状态。

（5）采用单步（Step）或连续（Run）执行键运行程序，其仿真结果如图 9-10 所示。

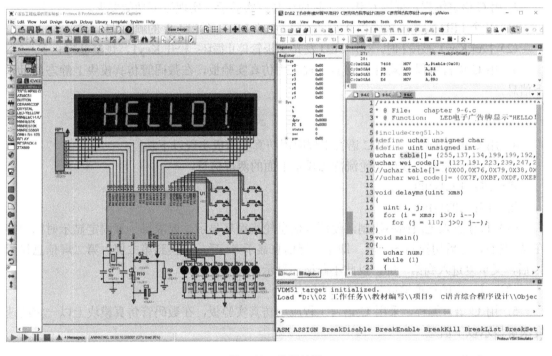

图 9-10　仿真结果

## 归纳与总结

学习的目的，不仅仅是学习某一个知识体系，更重要的是知道如何利用这些知识去解决生产实际问题。本项目引入 6 个典型的工程应用实例，通过 C 语言编程实现图形输出速度控制、模拟汽车转弯灯控制、一键多功能控制、霓虹灯启停控制、模拟交通灯 10s 倒计时显示控制和 LED 电子广告牌控制，进一步认识和掌握 C 语言在工程实际中的具体应用，从中获得解决工程实际问题的方法。

练习题

1. 用 C 语言编程实现以下功能要求。

（1）以一定的速度控制输出以下图案。

```
   *******
   *******
   *******
   ***$***
   *******
```

（2）找出是否有关键字"$"，若有，则显示信息"找到了"，并显示其所在的行号和列号；

（3）求"*"的总个数并输出。

2. 用 C 语言编程，采用 C 语言工程应用仿真实验板，实现以下功能要求。

（1）8 个 LED 发光二极管以 0.2 s 为间隔，按照 LED1 至 LED8 的顺序循环点亮。

（2）按键 Key1 被按下时，8 个 LED 发光二极管停止循环；松开 Key1，恢复循环。

3．用 C 语言编程，采用 C 语言工程应用仿真实验板，在数码管仿真模块上静态显示以下信息。

```
   1921-100
```

4．用 C 语言编程，采用 C 语言工程应用仿真实验板实现以下功能。

（1）在数码管仿真模块上轮流静态显示下面的两屏信息。

第一屏：1921-100

第二屏：2021-100

（2）程序进入无限循环控制，使两屏信息轮流循环显示。要求每一屏固定显示时间保持在 4s 左右，然后切换到下一屏。即第一屏信息显示 4s 后，切换到第二屏，第二屏信息显示 4s 后，又重复进入到第一屏，以此不断循环显示。

（3）以一定的速度滚屏显示以上两屏信息。

5．用 C 语言编程，采用 C 语言工程应用仿真实验板，在数码管仿真模块上以一定的速度滚屏显示以下信息。

```
   --End!--
```

6．请参考附录 B，以多文件形式编程，采用 C 语言工程应用仿真实验板，实现模拟汽车转弯灯控制。

7．请参考附录 B，以多文件形式编程，采用 C 语言工程应用仿真实验板，实现模拟交通灯 10s 倒计时显示控制。

# 附录A　C语言工程应用仿真实验板简介

为了使初学者更好地学习C语言并将C语言应用于实际工程中，作者利用Proteus仿真软件设计了一款C语言工程应用仿真实验板。有关Proteus仿真软件详细内容读者可以自行到网络上查阅。

## 1．C语言工程应用仿真实验板

C语言工程应用仿真实验板电路如图A-1所示，其依托于Proteus仿真软件，采用8051为内核的AT89C51单片机作为CPU，共设计了3个仿真模块，分别是LED灯模块、独立按键模块和LED数码管模块。

① LED灯模块：通过CPU的P1端口的8位（P1.0～P1.7），接8个发光二极管LED；

② 独立按键模块：通过CPU的P3端口的8位（P3.0～P3.7），接8个独立式按键；

③ LED数码管模块：通过CPU的P0端口（P0.0～P0.7）和P2端口（P2.0～P2.7）接8位LED数码管，其中P0端口用于同时控制8个数码管a~h段选，P2端口用于控制8个数码管公共端com1~com8位选。

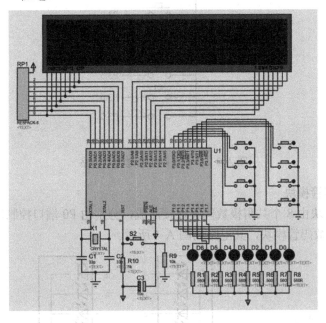

图A-1　C语言工程应用仿真实验板电路

## 2．仿真实验板电路及工作原理

（1）LED灯模块

8个LED发光二极管显示模块电路如图A-2所示。

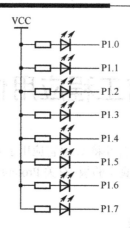

图 A-2　8 个 LED 发光二极管显示模块电路

8 个 LED 发光二极管连接成共阳极形式。由发光二极管工作原理知，P1 端口相应的位（P1.0～P1.7）为低电平时，点亮对应的 LED 发光二极管。

（2）独立按键模块

8 个独立式按键模块电路如图 A-3 所示。按键被按下时，P3 端口相应的位（P3.0～P3.7）为低电平；按键弹开时，P3 端口为高电平。

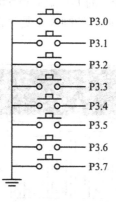

图 A-3　8 个独立式按键模块电路

（3）LED 数码管模块

LED 数码管模块由 8 个共阴极数码管连接而成，分别由 P0 端口控制段码、P2 端口控制位码。先介绍单个数码管模块，其电路如图 A-4 所示。

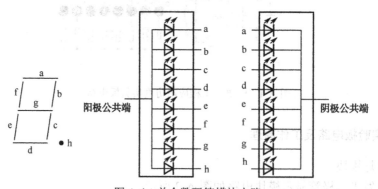

图 A-4　单个数码管模块电路

单个数码管 a～h 8 段接成共阴极或共阳极形式。当接成共阴极形式时，阴极公共端接低电平，a～h 各段送高电平信号时，对应的发光二极管阳极有效。当满足这两个条件时，数码管将正常发光，显示所要的字符。

8 个数码管显示模块电路如图 A-5 所示。

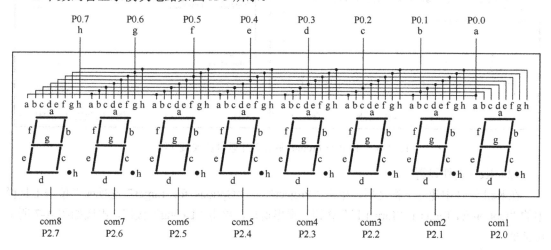

图 A-5　8 个数码管显示模块电路

仿真实验板上的 8 个数码管各段（a～h 段）分别对应连接在一起接 P0 端口，即 8 个 a 段连接在一起接 P0.0、8 个 b 段连接在一起接 P0.1…，最后 8 个 h 段连接在一起接 P0.7。这样就由 P0 端口控制数码管段码，高电平时有效；8 个数码管的公共端分别接 P2 端口的 8 位（P2.0～P2.7），控制数码管位码，低电平时有效。

### 3. Keil 与 Proteus 联调

Keil 与 Proteus 联调是指在 Keil 软件编译程序完毕后，直接调用 Proteus 软件中的仿真例子，不需要再在 Proteus 中装入 HEX 格式的程序文本。为了能实现正确的联调，必须在安装 Keil 与 Proteus 软件的基础上，正确安装联调的补丁软件（补丁软件读者可以自行到网络上下载）。

（1）安装补丁软件

下载补丁软件安装文件后，双击补丁软件安装程序图标，进行安装，默认安装在 Keil 文件夹中，如图 A-6 所示。

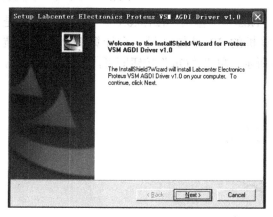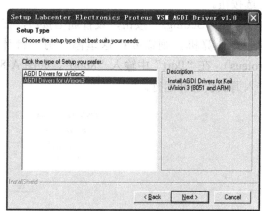

图 A-6　Keil 与 Proteus 联调补丁软件的安装

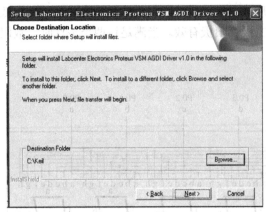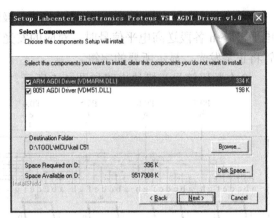

图 A-6　Keil 与 Proteus 联调补丁软件的安装（续）

（2）Keil 软件设置

在 Keil 软件中建立工程之后，单击"Project"→"Options for Target"选项或者单击工具栏中的"Option for Target 1 'Target 1'"按钮，弹出窗口，单击"Debug"按钮，出现如图 A-7 所示对话框。

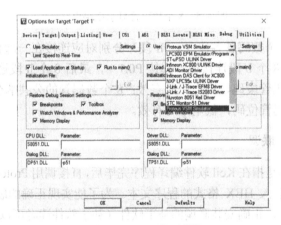

图 A-7　Keil 联调设置

在出现的对话框里，在右栏上部的下拉菜单里选中"Proteus VSM Simulator"，勾选"Use"单选按钮。

单击"Settings"按钮，设置通信接口，在"Host"中输入"127.0.0.1"。如果使用的不是同一台计算机，则需要在这里添上另一台计算机的 IP 地址（另一台计算机上也应安装 Proteus），在"Port"中输入"8000"，如图 A-8 所示，单击"OK"按钮即可，最后编译工程，进入调试状态并运行。

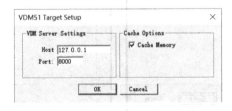

图 A-8　IP 设置

（3）Proteus 软件设置

进入 Proteus 的 ISIS，单击"Debug"→"Enable Remote Debug Monitor"选项，如图 A-9 所示。此后，便可实现 Keil 与 Proteus 联调。

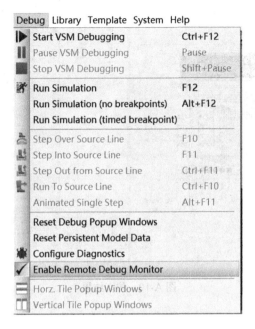

图 A-9　Proteus 联调设置

联调设置完成后，即可在 Keil 里编译程序，单击"Debug"→"Start/Stop Debug Session"选项，然后再次单击"Debug"→"Run"选项，就可以返回到 Proteus 软件中查看仿真结果，不必再生成 HEX 文件并在 Proteus 中调用了。

### 4. 仿真实验板的使用

在设置好 Keil 与 Proteus 联调后，打开 C 语言工程应用仿真实验板，在 Keil 中建立工程，并输入源程序，接着编译程序，单击"Debug"→"Start/Stop Debug Session"选项或者"Start/Stop Debug Session"的快捷图标，然后单击"Debug"→"Run"或"Run"的快捷图标，就可以看到对应程序的运行结果。

以下面程序作为测试程序。

```
#include <reg51.h>            //预处理命令
sbit LED1=P1^0;               //定义 P1 端口的第一脚接 LED1
void main( )                  //定义主函数
{
    LED1=0;                   //点亮一个发光二极管
}
```

打开 Keil 软件，建立工程，输入源程序，编译、连接，与 C 语言工程应用仿真实验板联调并运行程序，其仿真结果如图 A-10 所示。

C 语言程序设计（基于 Keil C）（第 2 版）

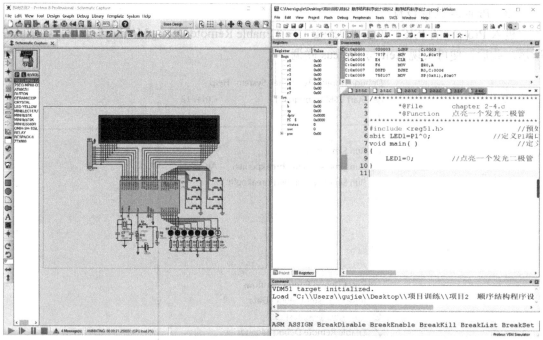

图 A-10　仿真结果

# 附录 B　多文件 C 程序使用方法

前面各个项目中所介绍的 C 程序都是单个文件，即一个 C 程序中只包含一个源程序文件。然而在实际应用中，对一个较大的系统来说，由于程序较大，一般不希望把所有内容全部放在一个源程序文件中，而是将它们按程序模块分别放在若干个源程序文件中，由若干个源程序文件组成一个 C 程序。一个源程序文件是一个编译单位，这样便于分别编写和编译，提高调试效率。一个 C 程序包含多个源程序文件，这样就需要建立一个项目文件（新建项目），在这个项目文件中，包含多个文件（包括源文件和头文件）。在编译时，系统会分别对项目文件中的每个文件进行编译，然后将所得到的目标文件连接成为一个整体，再与系统的有关资源连接，生成一个可执行文件，最后执行这个文件。

这里介绍多文件 C 程序的编写、编译与调试方法。具体步骤如下。

（1）分别编辑好同一程序中的各个源程序文件，并存放在各自指定的路径下。

（2）建立一个项目文件，即新建工程。

（3）将各个源程序文件添加到此项目文件中。

（4）编译和连接项目文件。

（5）执行可执行文件。

下面以多文件形式输出菱形图案为例，说明多文件 C 程序的具体应用。

**要求**：采用多文件形式编程输出以下菱形图案。

```
          *
         ***
        *****
         ***
          *
```

**编程思路**：分别编写三个源文件模块 main.c、uart_init.c、lingxing.c 和两个头文件 uart_init.h、lingxing.h。

（1）源文件 main.c 包含主函数，源文件 uart_init.c 包含串行口初始化函数、源文件 lingxing.c 包括空格个数函数 kk()、星号个数函数 xx()、调用输出函数 kx() 和图案状态函数 zt() 四个子函数。

（2）在源文件 main.c 中定义外部变量 h、k、x，在源文件 lingxing.c 中用 extern 声明外部变量 h、k、x，这样，外部变量 h、k、x 的作用域便扩展到 lingxing.c 源文件中。

（3）用头文件 uart_init.h 和 lingxing.h 将三个源文件模块 main.c、uart_init.c、lingxing.c 联系在一起。

**源程序文件和头文件程序如下**。

文件 main.c：

```
#include<reg51.h>              //预处理命令
#include<stdio.h>
#include <uart_init.h>
```

```
#include<lingxing.h>
char h=6,k=0,x=0;                   //h（图案第几行）、k（空格个数）、x（星号个数）
void main()                         //定义主函数
{
    uart_init();                    //调用串行口初始化函数，打开串口
    while(--h)                      //图案行数选择
    {
        zt();                       //调用图案状态函数
        kx();                       //调用输出函数，该函数调用输出星号个数、空格个数两个函数
    }
    while(1);                       //空循环，程序暂停
}
```

文件 uart_init.c：

```
#include<reg51.h>                   //预处理命令
void uart_init()                    //定义串行口初始化函数
{
    SCON = 0x52;
    TMOD = 0x20;
    TH1 = 0xf3;
    TR1 = 1;
}
```

文件 lingxing.c：

```
#include<reg51.h>                   //预处理命令
#include<stdio.h>
#include<lingxing.h>
extern char k,x,h;                  //声明外部变量
void kk(void)                       //定义空格个数函数
{
char i;
for(i=0;i<k;printf(" "),i++);
}
void xx(void)                       //定义星号个数函数
{
char i;
for(i=0;i<x;printf("*"),i++);
}
void kx(void)                       //定义调用输出函数
{
kk();
xx();
printf("\n");
```

```
    }
    void zt(void)                        //定义图案状态函数
    {
        switch(h)                        //行数选择
            {
            case 1 :k=3;x=1;break;       //   *       3 空格，1 星号
            case 2 :k=2;x=3;break;       //  ***      2 空格，3 星号
            case 3 :k=1;x=5;break;       // *****     1 空格，5 星号
            case 4 :k=2;x=3;break;       //  ***      2 空格，3 星号
            case 5 :k=3;x=1;break;       //   *       3 空格，1 星号
            }
    }
```

头文件 uart_init.h：

```
#ifndef __uart_init_h__
#define __uart_init_h__
extern void uart_init(void);
#endif
```

头文件 lingxing.h：

```
#ifndef __lingxing_h__
#define __lingxing_h__
void kk(void);
void xx(void);
void kx(void);
void zt(void);
#endif
```

上机调试与运行程序：

步骤 1：新建一个文件夹，打开 Keil 软件，新建项目文件，项目文件必须放在新建的文件夹路径下。

步骤 2：在项目文件工作区分别输入源程序文件 main.c、uart_init.c、lingxing.c 和头文件 uart_init.h、lingxing.h，并将它们保存在新建的文件夹路径下。

步骤 3：添加源程序文件 main.c、uart_init.c、lingxing.c 至项目文件下。

步骤 4：编译和连接该项目文件，正确无误后生成可执行文件。

步骤 5：进入调试状态，打开串行口窗口，运行可执行文件，观察结果。

项目调试窗口和运行结果如图 B-1 和图 B-2 所示。

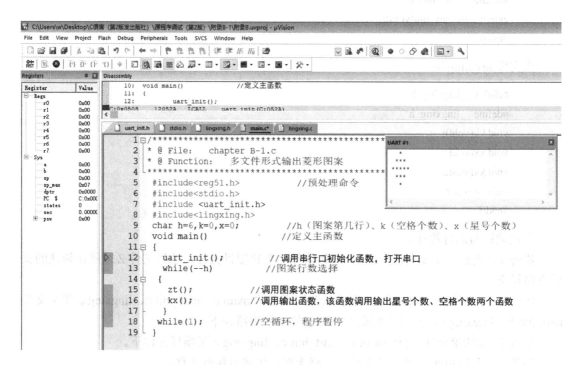

图 B-1　项目调试窗口

图 B-2　运行结果